greenlights

Matthew
McConaughey

Traducción de Eva Raventós

LIBROS CÚPULA

Diseño de cubierta: Christopher Brand and Michael Morris
Ilustración y diseño de interior: Ian Dingman

Av. Diagonal, 662-664, 08034 Barcelona (España)
Libros Cúpula es marca registrada por Editorial Planeta, S. A.
www.planetadelibros.com

Primera edición: junio de 2021
Segunda edición: noviembre de 2021
Tercera edición: febrero de 2022

Primera edición en esta presentación: mayo de 2025

Depósito legal: B. 3.906-2025
ISBN: 978-84-480-4282-0
Impresor: Liberdúplex
Impreso en España – *Printed in Spain*

El papel utilizado para la impresión de este libro es cien por cien libre de cloro y está calificado como papel ecológico.

A la única cosa que he sabido
que quería ser, y a mi familia

Contenidos

greenlights

22-1-89

«Me he encontrado a mí mismo.»

- ¿El mensaje más difícil del universo?

- ¿QUIÉNQUÉCUÁNDODÓNDECÓMO? — y esa es la verdad.

¿POR QUÉ? — es incluso más grande.

- Creo que escribiré un libro. ———

Un mensaje sobre mi vida.
Me pregunto a quién le importarán
los placeres y el conflicto.

——— Creo que escribiré un libro ———

¿Ayudar a las siguientes generaciones con la verdad del pasado?
¿Quién dice que uno estaría de acuerdo?
¡Mierda! Estoy cansado. Espero que estas ideas duren.

——— Aún pienso que escribiré un libro ———

- humor para las expresiones
- favorito
- psicológico
- deja que la vida sea —no—, entonces s
cobarde
- escribir un libro.

ESTA NO ES UNA AUTOBIOGRAFÍA TRADICIONAL. Sí, cuento historias del pasado, pero no tengo ningún interés en la nostalgia, el sentimentalismo o la reclusión que requieren muchas memorias. Tampoco es un libro de consejos. Aunque me gustan los predicadores, no estoy aquí para predicar ni para deciros lo que tenéis que hacer.

Esta es una obra de enfoque. Estoy aquí para compartir historias, conocimientos y filosofías que pueden entenderse objetivamente y, si lo deseas, adoptarse subjetivamente, ya sea transformando tu realidad o cambiando el modo en que la percibes.

Este es un manual de estrategia, basado en las aventuras de mi vida. Aventuras que han sido significativas, reveladoras y divertidas, en ocasiones porque estaban destinadas a serlo, pero la mayoría de las veces porque no pretendían serlo. Soy una persona optimista por naturaleza, y el humor ha sido uno de mis grandes maestros. Me ha ayudado a lidiar con el dolor, la pérdida y la falta de confianza. No soy perfecto; no, piso mierda todo el rato y lo reconozco cuando lo hago. Pero he aprendido a quitármela de las botas y seguir adelante.

Todos pisamos mierda de vez en cuando. Nos topamos con barricadas, la cagamos, nos fastidian, nos ponemos enfermos, no conseguimos lo que queremos, nos cruzamos con miles de «podría haberlo hecho mejor» y «ojalá no hubiese pasado» en la vida. Pisar mierda es inevitable, así que vamos a verlo como una señal de buena suerte, o a averiguar cómo hacerlo menos a menudo.

A la vida

LLEVO EN ESTA VIDA CINCUENTA AÑOS, cuarenta y dos intentando resolver su misterio, y he escrito diarios con pistas para solucionar este enigma los últimos treinta y dos. Son notas sobre éxitos y fracasos, alegrías y penas, cosas que me han hecho maravillarme y otras que me han hecho reír a carcajadas. Treinta y cinco años de darme cuenta, recordar, reconocer, reunir y anotar lo que me ha conmovido o excitado por el camino. Cómo ser justo. Cómo tener menos estrés. Cómo divertirme. Cómo hacer menos daño a las personas. Cómo hacerme menos daño. Cómo ser un buen hombre. Cómo conseguir lo que quiero. Cómo tener un sentido en la vida. Cómo ser más yo.

Nunca he escrito cosas para recordar; siempre lo he hecho para poder olvidarlas. La idea de revisar mi vida y mis reflexiones no me resultaba nada atractiva; no estaba seguro de si disfrutaría de la compañía. Hace poco reuní el valor para sentarme con esos diarios y echar un vistazo a treinta y cinco años de textos sobre quién he sido a lo largo de los últimos cincuenta. ¿Y sabes qué? He disfrutado más de lo que pensaba. He reído, he llorado, me he dado cuenta de que había recordado más de lo que esperaba y de que había olvidado menos.

¿Y qué encontré? Historias que presencié y experimenté, lecciones que aprendí y después olvidé, poemas, oraciones, recetas, respuestas a preguntas que me hacía, recordatorios de preguntas que aún me hago, confirmaciones de ciertas dudas, creencias sobre lo que importa, teorías de la relatividad y un montón de pegatinas de parachoques.[*] Encontré formas consistentes de afrontar la vida que me aportaron más satisfacción, en aquel momento y aún hoy.

Encontré un objetivo sólido.

Así que embalé todos esos diarios y partí hacia un confinamiento solitario en el desierto con un billete solo de ida, y allí empecé a escribir lo que tienes ahora en tus manos: un álbum, un registro, una historia de mi vida hasta ahora.

Cosas que presencié, con las que soñé, que perseguí, que di y que recibí.

Bombas de verdad que interrumpieron mi espacio y mi tiempo de formas que no podía ignorar.

Compromisos conmigo mismo, muchos de los cuales cumplo, la mayoría de los cuales sigo persiguiendo.

Estas son mis perspectivas y lo que he visto, lo que he sentido y lo que he comprendido, lo maravilloso y lo bochornoso.

Las gracias, las verdades y los encantos de la brutalidad.

Iniciaciones, invitaciones, ajustes y graduaciones.

Salirme con la mía, ser descubierto y mojarme al intentar bailar entre las gotas de lluvia.

Ritos de iniciación.

Todo lo que hay en medio o en las otras caras de la perseverancia y el dejarse llevar, en el camino hacia la ciencia de la satisfacción en este gran experimento llamado vida.

Con suerte, es una medicina que sabe bien, un par de aspirinas en

* Siempre me han gustado las pegatinas de parachoques, tanto que he unido *bumper* («parachoques») y *sticker* («pegatina») y las he convertido en una sola palabra: *bumpersticker*. Son letras, comentarios ingeniosos, mensajes de impacto directo, modestas preferencias personales que la gente expresa públicamente. Son baratas y divertidas. No tienen por qué ser políticamente correctas porque, bueno, solo son pegatinas de parachoques. La tipografía, el esquema de colores y la palabra o palabras que expresan dicen mucho de la persona que hay al volante delante de ti. Sus opiniones políticas, si tienen familia o no, si son espíritus libres o conformistas, divertidos o serios, qué mascotas tienen, qué tipo de música escuchan, e incluso cuáles podrían ser sus creencias religiosas. Durante los últimos cincuenta años he ido recopilando mis pegatinas de parachoques. Algunas las he visto, otras las he oído; unas las robé, otras las soñé, algunas las dije. Unas son graciosas, otras son serias, pero todas se han quedado conmigo…, porque eso es lo que pasa con las pegatinas de parachoques. He incluido en este libro algunas de mis favoritas.

lugar del hospital, una nave espacial con destino a Marte sin que haga falta una licencia de vuelo, ir a la iglesia sin tener que volver a nacer, y reír entre las lágrimas.

Es una carta de amor.

A la vida.

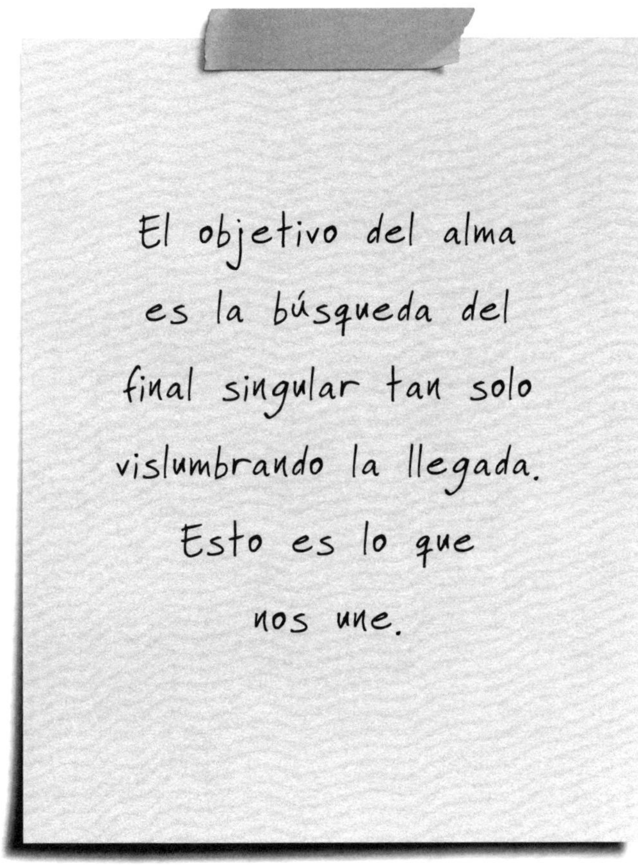

A veces tienes que retroceder para poder avanzar. Y no me refiero a volver atrás para revivir cosas o perseguir fantasmas. Me refiero a retroceder para ver de dónde vienes, dónde has estado, cómo llegaste AQUÍ.

— mdm

Lincoln Ad, 2014

¿Cómo he llegado hasta aquí?

ME HE GANADO UNAS CUANTAS CICATRICES sobreviviendo en este rodeo que es la humanidad. A veces se me ha dado bien, otras no tan bien, y al final, de todas formas, he encontrado algo de placer en ello. A continuación, voy a dar algunos datos sobre mí para preparar el terreno.

Soy el pequeño de tres hermanos e hijo de unos padres que se divorciaron dos veces y se casaron otras tres. Entre ellos.

Crecimos diciéndonos «Te quiero». Lo sentíamos de verdad.

Me azotaron hasta que me sangró el trasero por ponerme un tatuaje de Cracker Jack cuando tenía diez años.

La primera vez que amenacé con largarme de casa mis padres me prepararon las maletas.

Mi padre no estaba el día que nací. Llamó a mi madre y le dijo: «Lo único que tengo que decir es que si es un chico no lo llames "Kelly"».

La única cosa que siempre supe que quería era ser padre.

Aprendí a nadar cuando mi madre me arrojó al río Llano y tenía dos opciones: flotar por la cascada rocosa treinta metros corriente abajo o conseguir llegar a la orilla. Llegué a la orilla.

Siempre era el primero en desgastar las rodillas de mis vaqueros Toughskins.

Durante dos años lideré la liga de fútbol de menores de doce años en tarjetas rojas ejerciendo... de portero.

Cuando no paraba de quejarme porque mi único par de zapatillas deportivas eran viejas y estaban pasadas de moda, mi madre me dijo: «¡Sigue quejándote y te llevaré a conocer al chico sin pies!».

Me chantajearon para que tuviese relaciones sexuales por primera vez cuando tenía quince años. Estaba seguro de que iría al infierno por haber tenido sexo antes del matrimonio. Hoy simplemente estoy seguro de que espero que no sea el caso.

Un hombre abusó de mí cuando tenía dieciocho años mientras yacía inconsciente en la parte de atrás de una furgoneta.

Consumí peyote en Real de Catorce (México) en una jaula con un puma.

Un veterinario me puso 78 puntos en la frente.

He tenido cuatro conmociones cerebrales por caerme de cuatro árboles, tres de ellos en luna llena.

He tocado los bongos desnudo hasta que la policía me arrestó.

Me he resistido a un arresto.

Presenté solicitudes a la Universidad de Duke, a la de Texas en Austin, a la Universidad Metodista del Sur y a Grambling para mi educación universitaria. Me aceptaron en tres de las cuatro.

Nunca me he sentido una víctima.

Tengo muchas pruebas de que el mundo está conspirando para hacerme feliz.

Siempre me he salido más con la mía en la vida que en los sueños.

Muchas personas me han regalado poemas que no sabía que había escrito yo.

He sido ingenuo, malvado y un cínico, pero sobre todo no tengo miedo de creer en mi benevolencia y en la de la humanidad, y en el denominador común de los valores que nos unen.

Creo que la verdad solo ofende cuando mentimos.

Me criaron a partir de una lógica existencial proscrita, un infierno de malapropismos,* llena de física ficticia, porque si no era cierto, debería serlo.

* Un malapropismo es el uso incorrecto de una palabra que suena muy parecida a otra pero que tiene un significado distinto. En este caso, el original dice «a carnation of malaprops» («un clavel de malapropismos») en lugar de «a tarnation of malaprops» («un infierno de malapropismos»), con lo cual aplica un malapropismo en la misma frase. Parece que el uso de *tarnation* en lugar de *carnation* es un malapropismo documentado, aunque el término *tarnation* (utilizado sobre todo en la frase «What in tarnation?», ahora sustituida por «What the hell?») es arcaico y ha caído bastante en desuso. *(N. de la T.)*

No obstante, no había nada falso en el amor. El amor era real. A veces violento, pero nunca puesto en duda.

Pronto aprendí cómo **relativizar**: cómo comportarme.

Aprendí lo que era la resiliencia, las consecuencias, la responsabilidad y el trabajo duro. Aprendí a amar, a reír, a perdonar, a olvidar, a jugar y a rezar. Aprendí a moverme deprisa, a vender, a seducir, a darle la vuelta a las cosas, a hacer de una caída una oportunidad y a contar una historia. Aprendí a moverme entre altos y bajos, abrazos y golpes, ventajas y déficits, canciones de amor y epítetos. Especialmente cuando me enfrentaba a lo **inevitable**.

Esta es una historia sobre relativizar lo inevitable.

Esta es una historia sobre semáforos en verde *(greenlights)*.

La llegada es inevitable: la **muerte**.

Un final unánime, un destino unificado.

Un sustantivo sin consideración. Nuestra elegía.
Escrita.

Vivida.

El enfoque es relativo: la **vida**.

Una procesión singular, nuestro viaje personal.

Un verbo con consideración. Nuestro currículum.
Escríbela.

Vívela.

Estos son los primeros cincuenta años de mi vida, mi currículum hasta el momento, de camino a mi elegía.

¿Qué es una luz verde?

LAS LUCES VERDES SIGNIFICAN ¡YA!, AVANZA, sigue adelante, continúa. En la carretera están configuradas para dar al flujo del tráfico el derecho al paso, y cuando se programan correctamente, más vehículos cogen más semáforos en verde uno tras otro. **Nos invitan a proseguir**.

En nuestras vidas, son una confirmación de *nuestro* camino. Son aprobaciones, apoyo, elogios, regalos, gasolina en nuestro fuego, palmaditas en la espalda y ganas. Son dinero en efectivo, nacimiento, primeros pasos, salud, éxito, alegría, viabilidad, inocencia y nuevos comienzos. Nos encantan las luces verdes. No interfieren con nuestra dirección. Son fáciles. Son un verano sin zapatos. Dicen **sí** y nos dan lo que **queremos**.

Las luces verdes también se pueden disfrazar de luces amarillas o rojas. Una advertencia, un desvío, una pausa para reflexionar, una interrupción, un desacuerdo, una indigestión, la enfermedad, el sufrimiento, una bofetada en la cara, la muerte. No nos gustan las luces amarillas ni las rojas. Nos ralentizan o detienen nuestro flujo. Son duras. Son un invierno sin zapatos. Dicen **no**, pero a veces nos dan lo que **necesitamos**.

Captar semáforos en verde tiene que ver con la **habilidad**: la intención, el contexto, la reflexión, la resistencia, la anticipación, la resiliencia, la velocidad y la disciplina. Podemos cazar más semáforos en verde si simplemente identificamos dónde están los semáforos en rojo en nuestra vida, y a partir de ahí cambiar de dirección para toparnos menos con ellos. También podemos ganarnos las luces verdes, construirlas y diseñarlas. Podemos crear más y programarlas en nuestro futuro —un camino con menos resistencia— por medio de la fuerza de voluntad, la dedicación y las decisiones que tomemos. Podemos ser **responsables** de las luces verdes.

Detectar luces verdes también tiene que ver con la **elección del momento oportuno**. El momento justo del mundo y el nuestro. Cuando estamos en la zona, en la frecuencia, y nos dejamos llevar. Podemos captar luces verdes por pura suerte, porque estamos en el sitio correcto en el momento adecuado. Ser capaces de atraparlas con más frecuencia en el futuro puede ser cuestión de intuición, karma y fortuna. A veces obtener luces verdes tiene que ver con el **destino**.

Recorrer la autopista de la vida de la mejor forma posible es **relativizar** lo **inevitable** en el momento apropiado. La inevitabilidad de una situación no es relativa; *cuando* aceptamos el resultado *de* una determinada situación como inevitable, *cómo* elijamos abordarla *es* relativo. Entonces podemos **persistir** y continuar con nuestra búsqueda de un resultado deseado, **dar la vuelta** y tomar un nuevo rumbo para conseguirlo, o **ceder** por completo y dejarlo todo en manos del destino. Seguimos adelante, cambiamos de planes para adaptarnos a las circunstancias o hacemos ondear la bandera blanca y vivimos para pelear otro día.

El secreto de nuestra satisfacción reside en *cuál* de estas opciones escogemos hacer *en qué momentos*.

Este es el arte de vivir.

Yo pienso que todo lo que hacemos en la vida forma parte de un plan. A veces el plan sale según lo esperado y otras veces no. Y *eso* también es parte del plan: darse cuenta de que *este* es un semáforo en verde en sí mismo.

Los problemas a los que nos enfrentamos hoy terminan convirtiéndose en bendiciones en el espejo retrovisor de la vida. Con el tiempo, las luces rojas del pasado nos llevan a una luz verde. Toda destrucción acaba conduciendo a una construcción, toda muerte al final lleva a un nacimiento, todo dolor termina conduciendo al placer. En esta vida o en la siguiente, lo que va hacia abajo termina yendo hacia arriba.

Es cuestión de cómo percibimos el desafío que tenemos delante y cómo nos enfrentamos a él. **Persistir**, **dar la vuelta** o **ceder**. **Depende de nosotros, de nuestra decisión en cada momento**.

Este es un libro sobre cómo obtener más síes en un mundo de noes y cómo reconocer *cuándo* un no podría en realidad ser un sí. Esta es una obra sobre atrapar semáforos en verde y darse cuenta de que los amarillos y los rojos terminan convirtiéndose en verdes.

LUZ VERDE.

Intencionadamente y a propósito... Buena suerte.

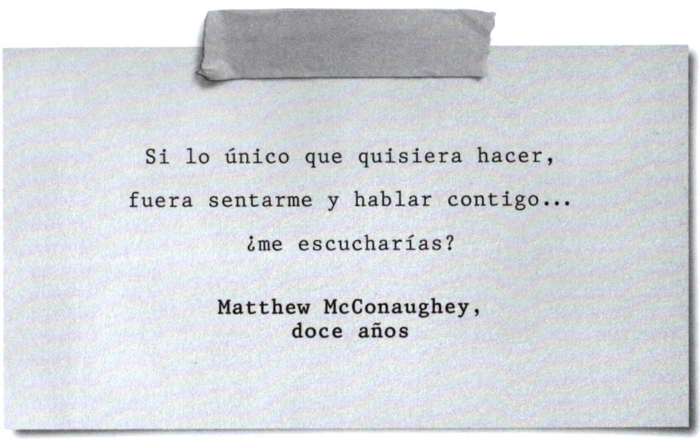
Si lo único que quisiera hacer,
fuera sentarme y hablar contigo...
¿me escucharías?

Matthew McConaughey,
doce años

primera parte

LÓGICA PROSCRITA

UNA NOCHE DE VIERNES, 1974

PAPÁ ACABABA DE LLEGAR A CASA desde el trabajo. Metió la grasienta camisa azul con botones y «Jim» en la insignia de la parte izquierda del pecho en la lavadora, y se sentó en la cabecera de la mesa en camiseta interior sin mangas. Estaba hambriento. Mis hermanos y yo ya habíamos comido y mamá sacó su plato recalentado del horno y lo empujó delante de él.

—Más puré de patatas, cariño —dijo mientras empezaba a comer.

Mi padre era un hombre grande. Un metro noventa y tres, 120 kilos, su «peso de lucha —diría—; si adelgazo pillo un resfriado». A los cuarenta y cuatro, esos 120 kilos colgaban de lugares que, aquella cena de miércoles, a mi madre no le gustaban.

—¿Seguro que quieres más puré, GORDO? —le ladró.

Yo estaba agachado detrás del sofá de la sala de estar y empezaba a ponerme nervioso.

Pero papá, con la cabeza baja, continuó comiendo en silencio.

—¿Pero tú has visto esa barriga gorda que tienes? Eso, sigue tragando, GORDO —parloteaba mientras le echaba cantidades apabullantes de puré de patatas en el plato.

Y ahí empezó todo. ¡BUM! Papá lanzó la mesa hacia el techo, se levantó y empezó a acosar a mamá:

—Maldita sea, Katy, me dejo la piel trabajando todo el día, llego a casa y solo pido poder comer un plato caliente en paz.

El espectáculo había empezado. Mis hermanos se sabían la historia, yo me sabía la historia. Mamá también se sabía la historia mientras corría al teléfono de pared al otro lado de la cocina para llamar al 911.

—No puedes simplemente dejarlo estar, ¿verdad, Katy? —gruñó mi padre con los dientes apretados, el dedo índice levantado mientras la asediaba por toda la cocina.

Mientras se acercaba, mamá cogió el extremo portátil del teléfono del soporte de la pared y le dio un golpe en la frente con él.

La nariz de papá estaba rota, había sangre por todas partes.

Mamá corrió hacia un armario y sacó un cuchillo de chef de treinta centímetros y entonces se enfrentó a él:

—¡Venga, TÍO GORDO! ¡Te voy a cortar desde los huevos hasta la cabeza!

Empezaron a acecharse en círculos en medio de la cocina, mamá haciendo ondear la hoja de treinta centímetros, papá con la nariz rota sangrando y gruñendo entre los incisivos. Papá cogió una botella medio llena de kétchup Heinz de medio kilo de la encimera, la destapó y la blandió como si fuera un cuchillo.

—¡Venga, TÍO GORDO! —lo retó mamá de nuevo—. ¡Te voy a cortar DE PAR EN PAR!

Imitando la postura de un torero, papá empezó a lanzar kétchup de la botella abierta por toda la cara y el cuerpo de mamá.

—*Touché* —decía mientras brincaba de derecha a izquierda.

Cuanto más kétchup le echaba encima y más esquivaba su cortante cuchillo de chef, más frustrada se sentía mamá.

—¡*Touché* otra vez! —se burlaba papá mientras la rociaba con más kétchup y esquivaba otro ataque.

Dieron vueltas y más vueltas hasta que, finalmente, la frustración de mamá se convirtió en cansancio. Cubierta de kétchup, dejó caer el cuchillo en el suelo, se enderezó y empezó a limpiarse las lágrimas y a recuperar el aliento.

Papá dejó la botella de Heinz, relajó su pose de matador y se limpió la sangre que le goteaba de la nariz con el antebrazo.

Todavía enfrentados, con las armas abajo, se miraron fijamente un momento, mamá quitándose el kétchup de los ojos húmedos, papá de pie dejando que el goteo de sangre de la nariz le cayese por el pecho. Segundos después, se acercaron y se fundieron en un abrazo animal.

Se dejaron caer hasta quedar de rodillas, luego hasta el suelo de linóleo lleno de sangre y kétchup… e hicieron el amor. Una luz roja se convirtió en verde.

Así es como se comunicaban mis padres.

Este es el motivo por el que mamá le dio a papá una invitación a su propia boda y le dijo: «Tienes veinticuatro horas para decidir, ya me dirás».

Esta es la razón por la que mamá y papá se casaron tres veces y se divorciaron otras dos… el uno del otro.

Por eso mi padre le rompió el dedo corazón a mi madre para apartarlo de su cara cuatro veces.

Así es *como* mi madre y mi padre se querían.

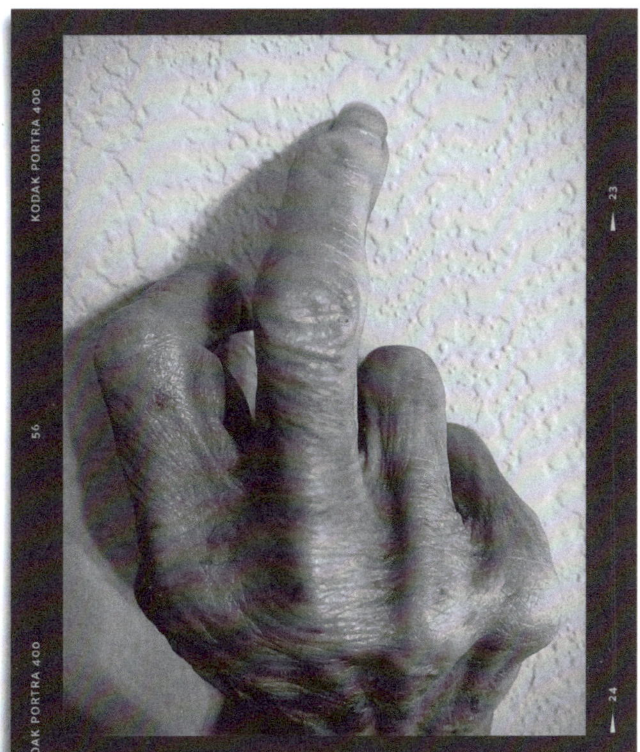

la regla de oro
y todo con moderación

Dos proverbios, muchas veces ofrecidos como normas generales para la vida.

Ambos tienen fisuras.

A veces la gente no quiere hacer lo que tú quieres hacer.

Y el apetito de un hombre es la indigestión de otro.

El clan McConaughey emigró de Irlanda a Liverpool (Inglaterra), y luego a Little Rock, Virginia occidental y Nueva Orleans. No hay realeza en nuestro pasado. Sin embargo, hay un montón de robos de ganado, apuestas en barcos fluviales y un guardaespaldas de Al Capone.

Papá era de Patterson (Mississippi), pero creció y se sintió más en casa en Morgan City (Louisiana).

Mamá es de Altoona (Pensilvania), pero siempre decía que era de Trenton (Nueva Jersey), porque «¿quién querría ser de un lugar llamado Altoona?».

Tengo dos hermanos. Al mayor, Michael, llevamos cuarenta años llamándolo «Rooster» («gallo»), porque aunque se acueste a las cuatro de la mañana siempre se levanta cuando amanece. Cuando cumplió diez años quería un hermano pequeño como regalo de cumpleaños, así que mamá y papá adoptaron a mi hermano Pat en 1963 en el Hogar Metodista de Dallas. Cada año mamá y papá le preguntaban a Pat si quería ir a visitar a sus padres biológicos. Él rechazó la oferta hasta que cumplió los diecinueve y la aceptó. Mamá y papá organizaron el encuentro y los tres viajaron hasta la casa de los padres biológicos de Pat en Dallas. Estacionados junto al bordillo, mamá y papá esperaron en el coche mientras Pat tocaba el timbre y entraba en la casa. Dos minutos después, salió de la casa y saltó al asiento trasero.

—¿Qué ha pasado? —le preguntaron.

—Solo quería saber si mi padre era calvo porque mi pelo se está debilitando.

Primer matrimonio
22/12/1954

Segundo matrimonio
18/12/1959

Yo fui un accidente. Mamá y papá llevaban años intentando tener un bebé sin éxito, de modo que mamá pensó que yo era un tumor hasta el quinto mes de embarazo. Papá se fue al bar en lugar de al hospital el día que nací, porque de todas formas sospechaba que él no era el padre.

Pero sí lo era.

Recibí mis primeros azotes en el trasero por responder a «Matt» en el patio de la guardería («¡No te llamamos así por el felpudo!»,* había gritado mamá), los segundos por decirle «Te odio» a mi hermano, los

* Felpudo en inglés es *doormat*, que rima con Matt. *(N. de la T.)*

terceros por decir «No puedo» y los cuartos por mentir sobre una pizza robada.

Me lavaron la boca con jabón por decir «mierda», «maldita sea» y «joder», pero solo me metí en un problema real por usar o construir las palabras que podían perjudicarme. **Las palabras que hacen daño**. Las palabras que ayudaron a diseñar lo que soy porque eran más que solo palabras; eran expectativas y consecuencias. Eran **valores**.

Mis padres me enseñaron que me llamaba así por una razón.

Me enseñaron a no odiar.

A no decir nunca que no podía hacer algo.

A no mentir nunca.

LUZ VERDE.

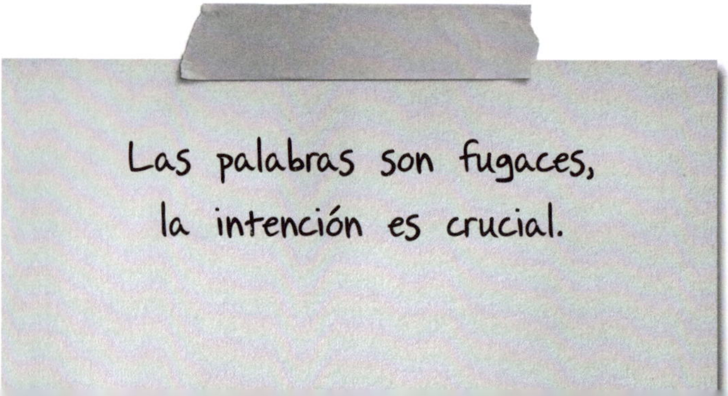

Mis padres no *tenían la esperanza* de que seguiríamos sus reglas, *esperaban* que lo hiciéramos. Una expectativa negada duele más que una esperanza negada, mientras que una esperanza cumplida nos hace más felices que una expectativa cumplida. La esperanza tiene un retorno en forma de felicidad más elevado y un débito menor en negación, no es tan medible. Mis padres medían.

Y aunque no abogo por el castigo físico como consecuencia, sí sé que hay muchas cosas que no hice de niño que no debía hacer porque no quería que me pegaran en el trasero. También sé que *hice* muchas cosas de niño que *debía* hacer porque buscaba los elogios y la adoración de mis padres. Las consecuencias funcionan en ambas direcciones.

Vengo de una familia llena de amor. Puede que no siempre nos hayamos gustado, pero siempre nos hemos querido. Nos abrazamos y nos besamos y nos peleamos y luchamos. No nos guardamos rencor.

Procedo de un largo linaje de infractores de reglas. Libertarios bandidos que votan republicano toda la vida porque creen que eso *hará que menos bandidos invadan su territorio*.

Vengo de una familia de personas que imponen disciplina en la que es mejor que sigas las normas hasta que seas *lo suficientemente hombre para romperlas*; en la que hacías lo que mamá y papá decían «porque lo digo yo», y si no lo hacías no te castigaban, sino que te llevabas un golpe con el cinturón o un revés «porque capta tu atención más rápido y no te quita tu recurso más preciado: el tiempo». Procedo de una familia que cruzaba toda la ciudad para llevarte a tu local favorito de hamburguesa con queso y batido para celebrar la lección que acababas de aprender justo después de un castigo corporal. Vengo de una familia que podría penalizarte por saltarte las reglas, pero que sin duda te castigaba si te pillaban. Algo insensibles en la superficie, sabemos que lo que a nosotros nos hace cosquillas muchas veces lastima a otros, porque nos enfrentemos a ello o lo neguemos, somos los últimos en admitir la derrota ante la mala suerte.

Es una filosofía que me ha convertido en una persona enérgica y a la vez en un embaucador. Trabajo duro y me gusta timar. Es una filosofía que también me ha brindado algunas grandes historias.

Como buen chico sureño, empezaré por mi madre. Ella es una auténtica bestia, la prueba viviente de que el valor de la negación depende del nivel de compromiso de cada uno con ella. Ha superado dos tipos de cáncer solo con aspirinas y negación. Es una mujer que dice «voy a» antes de poder hacerlo, «lo haría» antes de tener la posibilidad, y «allí estaré» antes de que la inviten. Apasionadamente leal a la conveniencia y la controversia, siempre ha tenido una relación conflictiva con el contexto y la reflexión, porque requieren permiso. Puede que no sea la persona más inteligente del mundo, pero no se puede quejar.

Ahora tiene ochenta y ocho años y raras veces me acuesto *más tarde* que ella o me levanto *antes*. Su toque de queda cuando era niña era cuando tenía unos agujeros tan grandes en los pies de las medias que se le subían hasta los tobillos.

Nadie se perdona tan rápidamente como ella, y por eso no carga con ningún tipo de estrés. En una ocasión le pregunté si alguna vez se había metido en la cama con algún tipo de remordimiento. Me respondió enseguida: «Todas las noches, hijo. Simplemente me olvido de ellos cuando me levanto». Siempre nos decía: «No entréis en un lugar como si quisierais comprarlo, entrad como si fuera vuestro». Obviamente, su palabra favorita es *sí*.

En 1977 mamá me inscribió en el concurso «Little Mr. Texas» en Bandera.

Gané un trofeo grande.

Mi madre enmarcó esta foto y la puso en la pared de la cocina.

Cada mañana, cuando iba a tomar el desayuno, mamá hacía un gesto hacia ella y decía: «Mírate: ganador, Little Mr. Texas, 1977».

El año pasado encontré la fotografía en su álbum de recortes y algo me llamó la atención. Con curiosidad, hice *zoom* en la placa del trofeo. Decía «subcampeón».

Llamé a la reina de la relatividad, mi madre, y le dije: «Mamá, ¿me has dicho toda mi vida que fui Little Mr. Texas y en realidad fui subcampeón?». Y ella respondió: «No, la familia del niño que ganó tenía mucho más dinero que nosotros y le compró un traje elegante para el concurso. A eso se le llama hacer trampas. No, *tú eres* Little Mr. Texas».

Luego, en 1982, me inscribí en el concurso de poesía de séptimo grado [equivalente a 1.º de ESO]. La noche antes de la fecha límite le enseñé el poema a mamá.

—No está mal, sigue trabajando —me dijo.

Volví a mi habitación para trabajar en el siguiente boceto.

Un par de horas más tarde, contento con mis progresos, volví a llevarle el poema a mamá.

Lo leyó. No dijo nada.

—Bueno, ¿qué piensas? —le pregunté.

No respondió. En cambio, abrió un libro de tapa dura por una página previamente marcada, me lo puso delante, señaló algo y dijo:

—¿Qué piensas de esto?

«Si lo único que quisiera hacer,
fuera sentarme y hablar contigo...
¿me escucharías?»

Era de un poema de Ann Ashford.

—Me gusta —le dije—. ¿Por qué?

—Entonces escribe *esto* —dijo mamá.

—¿Que escriba *esto*? ¿Qué quieres decir?

—¿Lo entiendes?

—Sí, pero…

—Si te gusta y lo entiendes, entonces es *tuyo*.

—Pero realmente no es mío, mamá, es de Ann Ashford.

—¿Significa algo para ti?

—Sí, es como cuando alguien a quien amas solo quiere sentarse y hablar contigo.

—Exacto. Entonces, si te gusta y lo entiendes y significa algo para ti, es tuyo… Escribe esto.

—¿Y lo firmo con mi nombre?

Sí.

Lo hice.

Y gané el premio de poesía de séptimo grado.

Mi madre no recibió ninguna educación, y como no le gustaba su vida cuando era niña, como forma de supervivencia la negó y construyó la suya propia. Siempre ha pensado que si entiendes algo entonces te pertenece, puedes firmarlo con tu nombre, atribuirte el mérito por ello, vivir de ello, venderlo y ganar medallas por ello. ¿Plagio? «Mierda, probablemente nunca se enterarán, y si lo hacen lo único que pueden hacer es culparte y quitarte la medalla, así que… ¡que les den!», dice.

Obviamente mi madre me estaba preparando para ser actor mucho antes de que se convirtiese en mi vocación.

LUZ VERDE.

Saber la verdad, ver la verdad
y decir la verdad,

todo son experiencias diferentes.

Mientras que mamá nos enseñó un existencialismo audaz, mi padre nos formó en el sentido común. Era un hombre que valoraba a los señores y a las señoras, la disciplina, la lealtad, la persistencia, la ética laboral, la humildad, los ritos de iniciación, el respeto por las mujeres y ganar el dinero suficiente para proteger a la familia. También pintaba, practicó la danza, jugó con los Green Bay Packers de fútbol americano, le encantaba tirar los dados, perseguir esquemas de Ponzi, ganar algo en lugar de comprarlo, y soñaba con abrir un chiringuito de gumbo en la playa en Florida si alguna vez tenía «un golpe de suerte» lo bastante grande como para retirarse.

Deconstruyendo para *construir* a sus tres hijos, papá respetaba las luces amarillas y se aseguró de que aprendiéramos las reglas básicas antes de expresar nuestro individualismo. Por usar un término del fútbol americano, nos enseñó a *bloquear y placar antes de poder jugar como receptores abiertos*.

Estaba claro quién era el hombre de la familia, y si alguno de sus tres hijos quería desafiar esa idea, «ya sabéis donde encontrarme», diría. Le teníamos miedo. No porque nos hiciese daño o nos maltratase, sino porque era nuestro padre. Lo respetábamos. Estaba por encima de la ley *y* del Gobierno, y no tenía tiempo para tontos, a no ser que admitieses que eras uno de ellos.

Jim McConaughey

Already a veteran of two Bowl games, big Jim McConaughey wants to wind up his collegiate career by playing in just one more New Year's Day classic . . . A 210-pound, six-foot, two-inch senior end from Metairie, La., the 22-year-old youngster was a defensive starter on Bear Bryant's Kentucky club which lost to Santa Clara in the 1949 Orange Bowl . . . Picks last season's Salad Bowl game and the Texas Tech struggle as his most-enjoyable experiences in football. "Our defense was working good in both of 'em," he grins . . . Jim started his athletic career at Metairie, played all sports there and was member of a nine-man track team which won the Louisiana state championship in 1947. He placed first in the low hurdles, second in high jump, joined with three other team mates to get seconds in the 880 and 440-yard relays and the football shuttle . . . He was a basketball center his sophomore and junior years, then "got too heavy for all those sports" . . .

JIM McCONAUGHEY

He went to Kentucky in 1948, where he was a freshman teammate of Babe Parilli . . . Jim married the beauty queen of Kentucky's freshman class of '49, making the lovely Kay his bride last Dec. 22 . . . "The Salad Bowl game was our wedding trip," he grinned . . .

A good dancer who likes "slow music," Jim says he "doesn't have time" for other hobbies or sports. But he does play an awful lot of defensive end for the Big Red and, due to his size, weight, experience and maneuverability, coaches are planning on using "The Bear" on offense, too, this trip.

His Number Is 88!

Un hombre complicado con una debilidad por los desamparados y los indefensos, tenía un juicio turbulento sobre el mundo y sobre sí mismo. «Prefiero perder dinero divirtiéndome que ganar dinero aburriéndome», decía. Era también un hombre orgulloso, y si le dabas una segunda oportunidad, nunca la olvidaría. Una vez, a finales de la década de 1980, después de que un banquero le negase un préstamo para rescatarlo de las deudas, indicó: «Ahora puedes cerrarme esa puerta o podemos cruzarla juntos». Consiguió el préstamo y la cruzaron juntos. Le encantaba organizar fiestas, beber cerveza y contar historias, y era un hacha en las tres cosas.

Su hijo mayor era Mike. Se involucró más en la crianza de Mike que en la de Pat o en la mía porque, en primer lugar, Mike era el primero, y, en segundo lugar, porque papá tuvo que trabajar lejos con más frecuencia en ese momento de su vida. Mike era un chico seguro, peleón, trabajador y espabilado con un corazón *hippy* lleno de compasión por los animalillos del mundo. Tranquilo bajo presión, con el umbral del dolor de un tejón, era la primera persona a quien querrías tener cerca cuando las cosas se pusieran difíciles. «Ha sobrevivido a muchas muertes cercanas —decía siempre mamá sobre él—. Tú y Pat necesitáis que recemos por vosotros, con Mike no es necesario.»

Criados en la adoración por el Antiguo Testamento, éramos una familia religiosa, pero no *todo* eran tormentos del infierno. No, las enseñanzas más misericordiosas de Jesús también tenían su lugar en los principios de nuestros padres.

Cuando Mike estaba en el instituto empezó a dejarse el pelo largo. Le creció lo suficiente como para que el entrenador de su equipo de fútbol americano, Jim Caldwell, le pidiese que se lo cortara. Mi padre estaba de acuerdo, pero Mike se negaba.

Al llevar a Mike a clase al día siguiente, mi padre le dijo:

—Pareces un *hippy*, hijo, y si no te cortas el *pelo*, el entrenador te va a *expulsar* del equipo.

—No me importa, papá, es mi pelo y si él quiere expulsarme del equipo, que me expulse; no voy a cortarme el pelo.

—Hijo, escúchame: deja de ser tan terco y córtate el maldito pelo.

Indignado, Mike dijo:

—No, papá. No voy a hacerlo.

—Hijo, te estoy diciendo…

—¡Jesucristo también tenía el pelo largo! —le espetó Mike.

Silencio. Jugar la carta de la religión había sido un movimiento muy hábil, y Mike sabía que podía haber sellado el acuerdo a su favor. Mi padre, en silencio, continuó conduciendo.

Cuando estaban a punto de llegar a la entrada del instituto y Mike pensaba que la táctica «Jesucristo» había funcionado, papá apretó el acelerador y dejó el instituto atrás a toda velocidad.

—Qué diablos, papá, ¿qué estás haciendo? —le preguntó Mike.

Papá siguió conduciendo durante doce kilómetros, sin decir palabra. De repente, se detuvo a un lado de la carretera, se inclinó y abrió la puerta del copiloto, empujó a mi hermano fuera y dijo: «Sí, bueno, ¡Jesucristo también iba andando a todas partes, chico!».

Mi hermano llegó tarde a clase ese día. No solo porque mi padre lo obligó a bajarse del coche a doce kilómetros del instituto, sino también porque se paró en la barbería de camino a clase.

Papá se había abierto camino de ser gerente de una gasolinera Texaco a convertirse en transportista de tuberías y luego vendedor de tuberías en una compañía local llamada Gensco. Era un vendedor realmente bueno. Le consiguió a Mike un trabajo vendiendo tuberías en Gensco. Mi hermano se convirtió rápidamente en un vendedor increíble. En menos de un año, a los veintidós, Mike era el mejor de la empresa. El jefe le otorgó la cuenta más importante: un comprador llamado Don Knowles. Papá estaba verdaderamente orgulloso de Mike, pero Mike seguía siendo su hijo.

Teníamos un viejo granero de madera en la parte trasera de la casa, junto al callejón de tierra donde papá aparcaba un camión articulado sin carga de sus días como transportista de tuberías. Era sábado por la noche.

—Vamos a beber cerveza y lanzar cuchillos al granero esta noche, hijo —le dijo papá a Mike.

—Vale, papá, nos vemos allí cuando se ponga el sol.

Alrededor de las diez de la noche, y después de unas cuantas cervezas, papá finalmente sucumbió:

—Vamos a «levantar» unas tuberías como en los viejos tiempos, hijo, hace mucho que no lo hacemos.

«Levantar tuberías» es cuando coges un camión articulado sin carga y lo llevas al depósito de tuberías de alguien, cargas sus tuberías en tu tráiler, te alejas conduciendo y las robas. Papá y Mike solían hacerlo algunas noches de sábado cuando él era transportista.

—¿A quién quieres «levantarle» las tuberías, papá?

Papá se puso frente a Mike y le dijo:

—A Don Knowles.

Oh, mierda.

—No, papá, no voy a hacerlo. Me acaban de dar la cuenta de Don Knowles, ya lo sabes.

—Sí, lo sé. Yo te conseguí ese trabajo en Gensco, chico; no tendrías esa cuenta de no ser por mí. ¿Dónde está tu lealtad, muchacho? ¡¿Con tu viejo o con el maldito Don Knowles?!

—Papá, sabes que esto no es justo.

—¿Qué no es justo, hijo? ¿Ahora eres demasiado bueno para robar tuberías con tu viejo como solíamos hacer? ¿Eh? ¡¿Ahora tienes demasiada categoría?!

Oh, mierda.

—Tranquilo, papá…

Papá se quitó la camisa.

—Ahora vamos a ver la categoría que tienes, chico. ¿Crees que eres lo suficientemente hombre para no escuchar a tu viejo? Tendrás que darle una paliza para probarlo.

—No, papá, yo no quiero…

¡Zas! Papá golpeó a Mike en la cara con la mano derecha abierta.

Mike dio un paso atrás a trompicones, luego se enderezó y empezó a subirse las mangas de la camisa.

—¿De modo que así es como va a ser? —dijo Mike.

—Sí, así es como va a ser, ¡venga, chico!

Papá medía 1,93 y pesaba 120 kilos. Mike medía 1,78 y pesaba 81 kilos.

Oh, mierda.

Papá, ahora agachado, se adelantó con un gancho de derecha directo a la mandíbula de Mike. Mike se cayó. Papá se acercó a él.

En el suelo, recuperándose, Mike vio un tablón de madera de cinco por diez centímetros en el suelo, muy cerca de él.

Justo cuando papá se disponía a darle otro golpe, Mike cogió el tablón y lo sacudió como un bate de béisbol en la parte derecha de la cabeza de papá.

Papá se tambaleó hacia atrás, francamente aturdido pero aún de pie.

—¡Para, papá! ¡No quiero pelear contigo y no voy a robarle las tuberías a Don Knowles esta noche!

Papá, que sangraba por las orejas, se dio la vuelta y tumbó a Mike con otro gancho de derecha.

—Y una mierda que no, chico —dijo mientras acechaba a su hijo en el suelo.

Con el tablón de madera lejos y papá echándosele encima de nuevo, Mike cogió un puñado de gravilla del suelo y lo arrojó a la cara de mi padre, cegándolo.

Papá se tambaleó hacia atrás, luchando por orientarse.

—¡Ya está bien, papá! ¡Se terminó!

Pero no había terminado. Privado de visión, papá se lanzó hacia la voz de Mike. Mike lo esquivó fácilmente.

—¡Ya está bien, papá!

Papá, ahora una fiera que se arrastraba con las orejas goteando sangre, se acercó de nuevo a Mike.

—¿Dónde estás, chico? ¿Dónde está mi hijo que no «levantará» las tuberías de Don Knowles con su viejo?

Mike cogió el tablón de madera y se preparó.

—Papá, te lo estoy diciendo: se acabó. Si vuelves a acercarte a mí, voy a derribarte con este tablón.

Papá lo escuchó alto y claro, se mantuvo firme y dijo mientras atacaba a Mike:

—Da lo mejor de ti, muchacho.

¡Zas! El tablón de madera golpeó la cabeza de papá.

Papá se había desplomado en el suelo, inconsciente.

—¡Maldita sea, papá! —dijo Mike conmocionado, preguntándose si lo habría matado.

Mike, que ahora lloraba, se arrodilló sobre papá y gritó:

—¡Maldita sea, papá! ¡Te dije que no te acercases más a mí!

Papá yacía allí, inmóvil.

Durante cuatro minutos y medio Mike estuvo arrodillado junto a su padre caído, llorando.

—Yo no quería hacerlo, papá, pero me obligaste.

Papá entonces volvió en sí y se levantó poco a poco.

—¡Lo siento, papá! —gritó Mike—. ¡Lo siento!

Mi padre se enderezó y se limpió la gravilla de los ojos. Mike, con lágrimas de conmoción y miedo, se preparó ante el riesgo de otro asalto. Papá, con los ojos ya despejados, miró fijamente al joven que acababa de dejarlo inconsciente, su primogénito.

La pelea había terminado. Por la cara de mi padre también resbalaban las lágrimas, pero las suyas eran de orgullo y alegría. Papá se acercó a Mike con los brazos abiertos y le dio un abrazo de oso, diciéndole al oído: «Ese es mi chico, *ese* es mi chico».

A partir de ese día Mike fue un igual para papá y papá lo trató como tal. Nunca volvió a retar a Mike, ni físicamente, ni moralmente, ni filosóficamente. Fueron los mejores amigos.

Como ves, los ritos de iniciación eran algo muy importante para mi padre, y si eras lo suficientemente hombre para enfrentarte a él, tenías que demostrarlo. Y Mike lo hizo.

PERDER EL PODER DE LA CONFRONTACIÓN ES PERDER EL PODER DE LA UNIDAD

El segundo en la línea del privilegio de los métodos de mi padre para convertir a sus chicos en hombres era Pat. Los últimos cuarenta años, mientras Rooster ha estado tratando de labrarse una carrera en el negocio del petróleo en el oeste de Texas, y yo otra en Hollywood, Pat ha sido el artista del corazón de la familia, extremadamente leal, el que siempre ha estado cerca de mamá. Cuando éramos pequeños me cuidaba, me apoyaba, me dejaba salir con sus amigos, me introdujo en el mundo del rock, me enseñó a jugar al golf, a conducir, a pedir una cita a una chica, y me compró la primera cerveza.

Pat era mi *héroe*. El suyo era Evel Knievel.

La noche de Pat con papá llegó un viernes, a principios de la primavera de 1969, ocho meses antes de que yo naciese, mágicamente. Papá estaba en el campamento de caza de Fred Smither con unos amigos, a dos horas en coche de casa. El entretenimiento de la noche había derivado en quién podría orinar más alto por encima de sus cabezas. Todos los hombres, desde el más bajo hasta el más alto, se pondrían de pie en la pared del granero, pondrían una marca sobre su cabeza y el resto, con los pies planos en el suelo, intentaría orinar por encima de la marca. Papá ganó porque fue el único hombre que pudo orinar a 1,93 metros de altura, la marca que había puesto sobre su propia cabeza. ¿El premio? El derecho a alardear.

Pero papá no era el hombre más alto del granero aquella noche; era Fred Smither, con dos metros. Y aunque papá ya había ganado el concurso, tenía que ver si podía orinar por encima de la cabeza de Fred. Fred se enderezó y marcó la pared.

—¡Venga, Big Jim! ¡Puedes hacerlo! —lo animaron sus colegas.

Papá le dio unos tragos a otra cerveza, se inclinó hacia atrás y dejó que volase.

No, 1,93 metros era lo más alto que podía orinar.

—¡Lo sabía, sabía que no podías mear por encima de *mi* cabeza, Big Jim, nadie puede hacerlo! —anunció Fred Smither.

A lo que papá respondió:

—Mi chico puede.

—Mierda, Jim, no hay manera de que tu chico o cualquier otro pueda mear por encima de mi cabeza —dijo Fred con desprecio.

—Y un cuerno que no puede; ¿qué te apuestas?

—¿Qué quieres apostar *tú*?

Papá observó una moto de *cross* Honda XR-80 usada apoyada contra una bala de heno en la esquina del granero. Pat había estado todo el año pidiendo una moto de *cross* para Navidad, pero papá sabía que no podía permitirse comprar una, usada o no.

—Me apuesto esa pequeña moto de *cross* de allí a que mi chico puede mear por encima de tu cabeza, Fred.

Toda la pandilla se partió de risa con la propuesta. Fred echó una mirada a la moto de *cross*, luego de nuevo a papá y dijo:

—De acuerdo. Y si no lo consigue, me debes doscientos dólares.

—No tengo doscientos dólares que perder, Fred, pero si mi chico no puede mear por encima de tu cabeza, puedes quedarte con mi camión —le dijo papá.

—Trato hecho —respondió Fred.

—Trato hecho. Volveré con mi chico al amanecer, no os vayáis a dormir.

Y con esto, papá se subió a su pickup destartalada y condujo 180 kilómetros hasta nuestra casa en Uvalde para recoger a Pat.

—Despierta, amiguito —dijo papá mientras intentaba sacar suavemente a Pat de su letargo—. Ponte un abrigo y unos zapatos, nos vamos.

Pat, que entonces tenía ocho años, salió de la cama, se puso un par de zapatillas deportivas y un abrigo encima de los calzoncillos y se dirigió al cuarto de baño.

—No, no, no, hijo, necesito que aguantes —le dijo papá mientras lo apresuraba hacia la puerta.

Papá condujo los 180 kilómetros hasta el campamento de caza de Fred Smither y le hizo beberse dos cervezas por el camino. Cuando finalmente llegaron al campamento, a las 4.40 de la madrugada, la vejiga de Pat estaba llena de potencial.

—Papá, *de verdad* que tengo que ir.

—Lo sé, lo sé, hijo, solo tienes que aguantar unos minutos más.

Papá y Pat, con sus zapatillas, su abrigo y sus calzoncillos, entraron en el granero. Los hombres se habían calmado pero seguían despiertos. Fred Smither también.

—Chicos, este es mi hijo Pat, ¡y está a punto de mear por encima de la cabeza de Fred!

Todos se echaron a reír de nuevo. El juego había empezado.

Fred se acercó a la pared del orín, se puso de pie y marcó con tiza una nueva línea por encima de su cabeza, con sus dos metros de altura.

—¿Qué pasa, papi? —preguntó Pat.

—¿Ves esa marca en la pared que el señor Fred acaba de hacer?

—Sí, señor.

—¿Crees que puedes mear por encima de ella?

—Claro que sí —respondió Pat. Luego se bajó los calzoncillos hasta las rodillas, puso las dos manos en su miembro, apuntó hacia la marca y dejó que volase.

Pat superó la marca de dos metros por sesenta centímetros.

—¡Ese es mi chico! ¡Os dije que mi chico podía mear más arriba de la cabeza de Fred!

Papá corrió hacia la esquina del granero, agarró la Honda XR-80 y se la pasó a Pat.

—¡Feliz Navidad, hijo!

Luego la cargaron en la parte de atrás de la pickup, se subieron e hicieron el trayecto de 180 kilómetros de vuelta a casa justo a tiempo para el desayuno.

Catorce años después, Pat se convirtió en el golfista número uno del equipo de golf Statesmen de la Universidad Estatal del Delta. Un golfista *scratch** conocido como «el semental de Texas», Pat acababa de ser proclamado «medallista» en el torneo de la SEC (South Eastern Conference; Conferencia del Sureste) en el campo de los Arkansas Razorbacks. El entrenador convocó una reunión en el trayecto de autobús de camino a casa:

—Mañana por la mañana, en mi casa, a las ocho en punto.

La mañana siguiente, el entrenador reunió al equipo a su alrededor en su sala de estar y dijo:

—Me preocupa que algunos jugadores de nuestro equipo estuviesen fumando marihuana en el parque de la ciudad de Little Rock ayer antes del torneo. Ahora lo que hay que averiguar es *quién* llevó la marihuana desde la Universidad Estatal del Delta hasta Little Rock, *y quién* estaba fumando.

Miraba fijamente a Pat.

Pat, criado por mi padre para saber que decir la verdad te salvaría el culo, dio un paso adelante.

—Fui yo, entrenador. Yo llevé la hierba y me la fumé.

Pat se quedó allí, solo. Ninguno de sus compañeros de equipo se movió o dijo una palabra, aunque tres de ellos se habían fumado el porro con él esa mañana en Little Rock.

—¿Nadie más? —preguntó el entrenador.

Nada.

—Te haré saber cuál es mi decisión mañana —dijo el entrenador—. Estás fuera.

La mañana siguiente, el entrenador se presentó en el dormitorio universitario de Pat.

—Se lo voy a contar a tu padre *y* tú no podrás jugar al golf el próximo semestre.

Pat contuvo el aliento.

—Vamos, entrenador, le dije la verdad… y soy el mejor golfista del equipo.

* Un golfista *scratch* es aquel que tiene un hándicap de cero o menos. *(N. de la T.)*

—Eso no importa —dijo el entrenador—. Rompiste la regla del equipo sobre las drogas. Estás suspendido. Y se lo voy a contar a tu padre.

—Escuche, entrenador —indicó Pat—. Puede suspenderme, pero no puede decírselo a mi padre. Usted no lo entiende: si fuese una sanción por conducir borracho, podría decírselo. ¿Pero marihuana? Me matará.

Habían pillado a Pat con hierba un par de veces al final de su adolescencia, y después de haber salido mal parado por la particular disciplina de papá y su desdén por *Marijuana*, tenía que asegurarse de que no habría una tercera.

—Bueno, eso es entre tú y él.

El entrenador no cedía. Pat inspiró profundamente:

—De acuerdo, entrenador, vamos a dar una vuelta.

Se metieron en el Z28 de 1981 de Pat y dieron una vuelta por el delta en coche. Después de diez minutos de silencio, Pat finalmente dijo lo que pensaba:

—Vamos a dejar clara una cosa, entrenador. Puede suspenderme, pero si llama a mi padre... **lo mataré**.

Pat fue suspendido.

Mi padre nunca se enteró.

primero CONSERVADOR, *luego liberal*

Crea una estructura para poder tener libertad.

Crea tu propio clima para poder soplar con el viento.

Traza tu dirección para poder girar por carreteras angostas.

Límpiate para poder ensuciarte.

Coreografía; luego baila.

Aprende a leer y a escribir antes de empezar a inventarte palabras.

Comprueba que la piscina tenga agua antes de tirarte.

Aprende a navegar antes de volar.

Iniciación antes que inauguraciones.

Gánate los sábados.

Necesitamos disciplina, directrices, contexto y responsabilidad al principio de cualquier nuevo esfuerzo. Es el momento de sacrificarse. De aprender, observar, prestar atención.

Siempre y cuando conozcamos el espacio, el oficio, la gente y el plan, *entonces* podemos dejar que ondee nuestra bandera de anormalidad, y crear.

La creatividad necesita límites.

La individualidad requiere fuerza.

La Tierra necesita gravedad.

Sin ellas no hay forma.

No hay arte.

Solo caos.

Como ya he dicho, yo fui una sorpresa no planeada —un *accidente*, como todavía me llama mi madre—, y mi padre siempre le ha dicho, medio en broma: «Este no es mi hijo, Katy, es *tu* hijo». Papá pasaba mucho tiempo en la carretera cuando yo era niño, trabajando para sacar adelante a la familia, de modo que yo pasaba la mayor parte del tiempo con mamá. Era cierto: yo era el niño de mamá, pero cuando *sí* podía pasar tiempo con papá, disfrutaba de cada momento.

Yo quería y necesitaba su aprobación, y de vez en cuando él me la daba. Otras veces reorganizaba mis reflexiones de formas extremadamente originales.

La mejor forma de enseñar es la que más se entiende.

De niño, mi serie favorita era *El increíble Hulk*, protagonizada por Lou Ferrigno.

Me maravillaban sus músculos y posaba frente a la televisión sin camiseta, con los brazos doblados, los puños elevados, tratando de hacer mi mejor imitación de un culturista con bíceps abultados.

Una noche papá me vio.

—¿Qué haces, hijo? —preguntó.

—Algún día voy a tener esos músculos, papá —dije, haciendo señas a la pantalla de televisión—. ¡Unos bíceps del tamaño de una pelota de béisbol!

Papá rio por lo bajo, luego se quitó la camiseta, imitó mi postura frente a la tele y dijo:

—Sí, los bíceps grandes hacen gritar a las chicas y definitivamente *quedan* bien, pero ese tipo de la tele está tan musculado que ni siquiera llega a limpiarse el culo… ¿Los bíceps? Son solo para *exhibirlos*.

Entonces bajó los brazos lentamente frente a él, los enderezó con los puños hacia el suelo, luego los torció hacia dentro y exhibió un par de tríceps enormes.

—Esto es el *tríceps*, hijo —dijo, esta vez dirigiendo la nariz de un lado a otro hacia los abultados músculos de la parte trasera de los brazos—, *este* es el músculo del trabajo, el que pone la comida encima de la mesa y un techo sobre tu cabeza. ¿El tríceps? Es para la *pasta*.

Mi padre siempre se quedaría con el almacén antes que con la sala de exhibición.

En el verano de 1979 papá nos trasladó a mamá, a Pat y a mí desde Uvalde, Texas (con una población de 12.000 habitantes), hasta la ciudad con el auge petrolífero de mayor crecimiento del este de Texas, Longview (con una población de 76.000 habitantes). Uvalde me enseñó a comportarme, Longview me enseñó a soñar.

Como todo el mundo, nos mudamos por dinero. Papá seguía siendo vendedor de tuberías, y Longview era el lugar donde enriquecerse con el negocio de la extracción de petróleo. Poco después de llegar a la ciudad, Pat se marchó a un campamento de golf y mamá se tomó unas «vacaciones prolongadas» en una casa en la playa en Navarre Beach (Florida). Rooster, que ya era multimillonario a los veintitantos, se había mudado a Midland (Texas), así que solo quedábamos papá y yo viviendo en una casa prefabricada a las afueras de la ciudad.

Mi padre podía hacer daño con las manos, pero también podía curar con ellas. Los analgésicos no podían competir con sus manos en la cabeza de mamá cuando tenía migrañas. Ya fuera un brazo o un corazón roto, las manos de papá y sus abrazos podían curar, especialmente cuando estaban al servicio de alguien desvalido o que no podía evitarlo.

El otro habitante de aquella casa prefabricada en la que papá y yo vivimos aquel verano era una cacatúa llamada *Lucky*. Papá amaba a aquel pájaro y el pájaro amaba a papá. Le abría la jaula cada mañana y le dejaba volar por la casa rodante, y ella se posaba en su hombro mientras él daba vueltas por la casa y se colocaba en su antebrazo mientras él la acariciaba. Papá hablaba con *Lucky*. *Lucky* hablaba con él.

Solo metíamos a *Lucky* en la jaula a la hora de dormir. El resto del día volaba libre por la casa. La única regla era que debíamos «vigilarla» al salir o al entrar para que no se escapase.

Una tarde, después de un día de julio explorando el campo a pie, volví a la casa al mismo tiempo que papá llegaba del trabajo.

Cuando entramos, *Lucky* no estaba allí para recibir a papá como siempre hacía. Miramos por todas partes. *Lucky* no estaba. «Mierda —pensé—, ¿ha salido sin que me diese cuenta esta mañana cuando me he ido? ¿Ha entrado alguien mientras estábamos fuera?»

Unos segundos después, oí a papá en la parte de atrás de la casa:

—Oh, Dios, oh, Dios, no, *Lucky*.

Corrí hacia allí y me encontré a papá de rodillas, inclinado sobre el retrete. Allí, al fondo, flotando en círculos, estaba *Lucky*. Con las lágrimas resbalándole por las mejillas, papá metió las dos manos en el fondo del inodoro y sacó suavemente a *Lucky*.

—Oh, no, *Lucky*, noooo... —gemía entre sollozos.

Lucky estaba muerta. Empapada. Inmóvil. Debió de caerse accidentalmente dentro del retrete y se quedó atrapada bajo el borde del asiento intentando salir.

Papá, todavía llorando, se acercó el cuerpo empapado y sin vida de *Lucky* a la cara y examinó su cabeza colgante. Luego abrió mucho la boca y metió lentamente a *Lucky* dentro hasta que la mitad inferior de sus alas y las plumas de su cola eran lo único que quedaba fuera. Empezó a practicarle a *Lucky* la respiración boca a boca. Respiraba solo por la nariz para mantener un flujo de aire constante en sus pulmones, asegurándose de medir su respiración para que fuera suficiente, esperaba, para revivirla, pero no reventarle sus diminutos pulmones. De rodillas, inclinado sobre el retrete, sujetando la mitad inferior de una cacatúa llamada *Lucky* y con su mitad superior en el interior de la boca, le insuflaba aire con la cantidad perfecta de presión. Una exhalación... Dos exhalaciones... Tres exhalaciones. Las lágrimas empapaban al ya mojado pájaro. Cuatro exhalaciones... Cinco... Una pluma se estremeció... Seis exhalaciones... Siete... El extremo del ala se agitó. Ocho... Papá aflojó ligeramente el agarre y liberó un poco de presión en los labios. Nueve... Otra ala intentó batir. Abrió la boca un poco más. Diez... Y fue entonces cuando oímos un *pequeño pío* saliendo de la boca de mi padre. Con lágrimas de dolor que se volvían lágrimas de alegría, papá se sacó poco a poco el tronco y la cabeza de *Lucky* de la boca. *Lucky* se sacudió un poco de agua del retrete y saliva de la cabeza. Ahora, cara a cara, se miraron a los ojos. Ella *estuvo* muerta. Ahora estaba viva. *Lucky* vivió otros ocho años.

Dios es afortunado.
La diosa de la suerte es la fortuna,
la fortuna es la hermana del destino,
el destino es el orden divino,
y el orden divino es Dios.
Así que, por lo que yo puedo decir,
si crees en la suerte,
crees en Dios.

Aquel mismo verano, mientras papá trabajaba todos los días, exploré la interminable extensión de Piney Woods, descalzo y sin camiseta, vestido con una gamuza atada alrededor de la cintura, con mi rifle Daisy BB en la mano. En Uvalde nunca había visto árboles como esos. Pinos altísimos que se expandían directamente hacia el cielo, miles de ellos. Estaba impresionado por uno en particular, un pino blanco que destacaba entre los pinos ponderosa, 1,80 metros de ancho en la base, con su punto más alto invadiendo el espacio aéreo.

Una tarde, mientras perseguía a una ardilla con mi Daisy a ochocientos metros de casa, me topé con una cerca de unos tres metros de alto. Estaba llena de enredaderas y vegetación y tenía unos cuantos carteles descoloridos de «No pasar». Me agaché, aparté algo de follaje y eché un vistazo. Al otro lado había un almacén de madera. Hombres con casco, un par de máquinas elevadoras en acción y pilas gigantescas de tablones de madera contrachapada. «Perfecto —pensé—. Para una casa en un árbol.»

Y sabía qué árbol en concreto. Me quedé allí hasta que apagaron las máquinas elevadoras, recogieron y dieron el día por terminado. Eran alrededor de las 18.00. Corrí a casa con un plan. Un plan que no podía contarle a papá. Un plan para los próximos tres meses de mi verano.

La mañana siguiente, después de desayunar, papá se fue a trabajar a las 6.30 como siempre. Tan pronto como se marchó, busqué la caja de herramientas y encontré lo que necesitaba: un par de tenazas cortaalambres. Me puse la gamuza, cogí el Daisy, dejé los zapatos en el armario y salí corriendo a conseguir mi objetivo.

¿Cómo iba a hacerlo? Había gente trabajando en el almacén de madera, de modo que pensé que tendría que ir por la noche. ¿Y qué pasaría si alguien del almacén me descubría? ¿Y si papá me pillaba saliendo a escondidas por la noche? ¿Y si averiguaba que estaba robando madera de un almacén de madera a ochocientos metros de casa? Estaba nervioso. Estaba entusiasmado.

Aquella noche, después de cenar y ver *El increíble Hulk* como siempre hacía, papá y yo nos dimos las buenas noches. Me tumbé en la cama, preguntándome cuánto tiempo debía esperar antes de abrir la ventana del dormitorio de la casa prefabricada para escabullirme. Podía oír cómo papá todavía se movía por su lado de la casa, de modo que esperé hasta que el más ligero crujido hubiese quedado silenciado por lo menos durante una hora antes de dar el paso. Lentamente, en silencio, salí de la cama. Me envolví en mi faldón de gamuza, dejé los zapatos en el armario, cogí mi Daisy, una pequeña linterna y las tenazas cortaalambres. Las lancé con cuidado por la ventana al césped de abajo y luego me escurrí por la ventana y me dirigí a mi reserva secreta.

Era alrededor de la 1.00. Pensé que debería estar de vuelta en la cama antes de las 5.00, así que solo tenía unas horas para trabajar. El almacén estaba tranquilo. Tiré un par de piedras por encima de la cerca para ver si había algún perro guardián. Nada. Retiré algunas enredaderas y arbustos y entonces, con la linterna entre la barbilla y el pecho, coloqué las tenazas en la cerca de alambre con las dos manos. *Clip.* Necesité toda la fuerza de mi doble puño para cortarla. *Clip. Clip. Clip. Clip.* Y así hasta que abrí un espacio de casi dos metros de ancho y unos treinta centímetros de alto, lo suficientemente ancho para que cupiesen esas tablas de contrachapado, lo suficientemente pequeño para pasar desapercibido. O eso esperaba.

Con la adrenalina bombeando, me tumbé sobre la espalda y me escurrí bajo la cerca hacia el interior de la propiedad privada. Fui a la pila de los tablones de diez por diez centímetros, tiré de uno y lo arrastré hasta la abertura en la cerca. Lo empujé todo lo lejos que pude y luego me arrastré bajo la cerca y tiré de él desde el otro lado, donde luego lo arrastré unos cuantos metros, adentrándome en el bosque, y lo dejé en la base del *gran pino blanco.* Después corrí a robar el siguiente. Cuando conseguí llevar mi segunda carga hasta el árbol ya era un poco más tarde de las 4.30, así que corrí de nuevo a la cerca, volví a colocar todos los matorrales y las enredaderas para ocultar el agujero que había abierto y regresé corriendo a casa. Entré a hurtadillas por la ventana, puse mi Daisy y la linterna de nuevo en el estante y las tenazas debajo del colchón, me metí debajo de las sábanas y dormí hasta que papá me despertó a las 6.00 para preparar el desayuno.

Hice lo mismo durante más de un mes. Casi sin dormir por las noches, me echaba unas cabezadas bajo aquel pino blanco junto a mi creciente reserva de madera durante el día, y luego llegaba a casa para cenar y repetía la operación. Lo hice todas las noches hasta que tuve suficientes tablones de madera y tablas de contrachapado para construir la casa en un árbol más grande y alto del mundo.

Con la parte más peligrosa del plan ya finalizada y dos meses de verano por delante, era el momento de empezar a construir. También había robado unos doce metros de clavos para pistola de calibre 15 del almacén y ya tenía un martillo y una sierra de mano de 65 centímetros de la caja de herramientas de casa. Solo necesitaba la luz del día.

Levantándome a las 6.00 y saliendo por la puerta a las 7.00, trabajé en aquella casa de árbol hasta que oscurecía los siete días de la semana durante los dos meses siguientes. Sin camiseta y descalzo, con mi gamuza y dos fajos de clavos envueltos en papel sobre mis hombros y cruzando el pecho. Medio indio comanche, medio Pancho Villa, con el martillo en la mano, me iba a trabajar. Empecé por la planta baja y luego fui construyendo hacia arriba. Abrí un agujero de sesenta por sesenta centímetros en cada planta al lado del tronco del árbol, donde clavé trozos de tablones de cinco por diez a modo de escalones para ir de planta a planta. También realicé un sistema de poleas que levanté con cada planta. Cada mañana empaquetaba la comida y me la llevaba a *mi* obra, ponía la bolsa marrón en el comedero, trepaba hasta la planta más alta y hacía subir mi sándwich en el descanso para comer.

Seis semanas después, cuando terminé, mi casa en el árbol tenía trece plantas.

La decimotercera planta estaba a más de treinta metros de altura. Desde allí podía ver todo lo que había hasta el centro de Longview, que estaba a veinticuatro kilómetros de allí. Las dos semanas siguientes me pasé el día allí arriba, por encima del resto del mundo, haciendo subir mi bolsa marrón de la comida y soñando despierto, jurando que podía ver la curvatura de la Tierra en el horizonte, entendiendo de dónde y por qué tomó su nombre la ciudad de Longview.

Fue el mejor verano de mi vida.

LUZ VERDE.

Luego llegó septiembre y tuve que volver al colegio. Mamá regresó de Florida y pronto nos mudamos a una casa de barrio al otro lado de la ciudad. No volví a ver aquella casa en el árbol.

Muchas veces me pregunto si seguirá allí. Pensé en aquella casa cuando estaba haciendo la película *Mud*. Mi casa en el árbol era el «barco en el árbol» de aquellos chicos. Un secreto, un misterio, un lugar de peligro, una maravilla, y sueños. Si *Mud* se hubiese estrenado en 1979, mi padre me hubiese dicho: «Eh, amiguito, he visto que hay una película que se llama *Mud*, vamos a verla juntos, seguro que es genial». Entonces yo podría haberle dicho: «Papá, construí una casa en un árbol en el bosque, tengo que enseñártela, es genial».

Ah, sí, ¿esas «vacaciones prolongadas» en Florida que se había tomado mi madre? Pasarían veinte años antes de que supiera que, de hecho, no estaba de vacaciones, sino que ella y papá estaban en medio de su segundo divorcio.

NO ES VANIDAD, ES COMERCIO.
(¿HASTA QUE ES VANIDAD DE NUEVO?)

En mi época de instituto seguíamos viviendo en la misma casa al otro lado de la ciudad de Longview. Mamá acababa de empezar a vender un producto llamado Oil of Mink (aceite de visón), un cosmético facial que vendía puerta a puerta. Se promocionaba como un *tratamiento revolucionario para el cuidado de la piel* que «eliminaría todas las impurezas de tu piel. Empápate la cara con este maravilloso aceite de visón y tendrás un cutis perfecto y radiante el resto de tu vida».

Al mismo tiempo yo estaba entrando en la adolescencia; ya sabes, vello púbico que crece, bolas que cuelgan, voz más grave y... algunos granos.

Un día mi madre me miró la cara y dijo:

—¡Deberías usar el aceite de visón!

Muy aficionado al amor propio y a lucir lo mejor posible, le hice caso y empecé a aplicarme el aceite de visón en la cara todas las noches antes de meterme en la cama. ¿El resultado? *Más* granos.

—¡Debe de estar eliminando las impurezas! —dijo mamá.

Le hice caso de nuevo y continué untándome la cara de aceite de visón todas las noches.

Pasó una semana. *Más* granos.

Pasaron doce días. Ahora tenía lo que parecía un acné en estado avanzado.

—Mamá, ¿estás segura de que es bueno que use esto? —pregunté.

—Por supuesto, pero vamos a llamar a mi jefa, Elaine, para que venga y te eche un vistazo, solo para asegurarnos.

Elaine vino a casa y observó mi cara hinchada e infestada de granos.

—Oh, ¡guau! —chilló—. Sí, el producto está haciendo *exactamente* lo que se supone que tiene que hacer. ¡Está eliminando todas las impurezas! Y, ay, Matthew, ¡tú tienes un montón de impurezas! Sigue aplicándote el aceite de visón cada noche y al final las extraerá todas y entonces tendrás un cutis perfecto y radiante el resto de tu vida.

Bueno, mierda, de acuerdo. Parecía que solo tenía que capear la tormenta. Seguí con el producto.

Tres semanas después, tenía las mejillas completamente hinchadas, con pústulas rojas. Granos de pus enormes. Géiseres ardientes de pus. Parecía otra persona.

En contra del consejo de mi madre, decidí ir a ver a un dermatólogo. El doctor Haskins contempló mi cara.

—Dios mío, Matthew, ¿pero qué diablos...?, los poros de tu cara están obstruidos y están reteniendo aceite y grasa. No tienen espacio para respirar. ¿Qué te estás poniendo en la cara? —preguntó.

Saqué una botella del aceite de visón. El doctor examinó la etiqueta.

—¿Cuánto tiempo llevas usando este producto, Matthew?

—Veintiún días.

—¡Oh, Dios mío, no, no, no! Esto es para gente de por lo menos cuarenta años, sin duda *no* es para un adolescente en plena adolescencia, que es cuando la piel secreta más aceite. Este producto ha bloqueado completamente tus poros, Matthew; tienes un acné nodular severo. Estás a diez días de tener la cara picada para el resto de tu vida. Voy a recetarte una pastilla que se llama Roacutan. Con suerte lo habremos pillado lo suficientemente a tiempo para que el Roacutan te seque el cutis hasta tal punto que tal vez puedas deshacerte del acné en un periodo de un año y, con suerte, sin perjuicios de por vida.

—Bueno, ¡ese aceite de visón no ha funcionado *en absoluto*, ¿verdad, Matthew?! —anunció mamá inocentemente.

—No, mamá..., no ha funcionado.

Inmediatamente dejé el aceite de visón y empecé con el Roacutan, que tenía sus propios efectos secundarios asociados. Después de unas cuantas semanas, mi piel empezó a secarse, mi cara empezó a escamarse y a pelarse, los pliegues de los labios se me secaron y sangraban, mis rodillas se volvieron artríticas, tuve cefaleas, se me empezó a caer el pelo, tuve reacciones alérgicas de hipersensibilidad y parecía una pasa hinchada. Estaba más que contento de vivir con todos esos efectos secundarios si podía deshacerme del acné inducido por el aceite de visón.

Pero este no es el final de la historia. No, no en la casa de los McConaughey. Mi padre olió una oportunidad.

—¡Vamos a demandarlos! ¡A esa maldita empresa de aceite de visón! Esto es lo que haremos: vamos a demandarlos y ganaremos dinero con todo esto. ¡O sea, mírate, hijo, nunca se te debería haber dado ese producto, chico, y esa señora, Elaine, no debería haberle dicho a tu madre que te lo pusieses! Te digo que aquí hay caso.

Papá me llevó a conocer a su abogado, Jerry Harris, un hombre culto y guapo de mediana edad con un aire de seguridad en sí mismo que te hacía pensar que era de Dallas y no de Longview.

—Cierto, aquí hay caso —dijo Jerry—. Este producto nunca debería haberse administrado a un adolescente, y tampoco hay ningún descargo de responsabilidad ni ninguna advertencia en la botella sobre sus posibles daños, y estoy seguro de que además de todo el dolor físico también estás pasando por…

Jerry y papá se dirigieron a mí.

—También *estás sufriendo* una gran *angustia emocional*, ¿no, Matthew?

—Em… sí.

Jerry sacó una grabadora y apretó el botón rojo.

—¿Sí qué? —preguntó.

—Estoy… sufriendo una gran angustia emocional en este momento.

—¿Por qué? —preguntó, asintiendo.

—¿Porque… ahora tengo un acné muy grave en la cara que nunca había tenido antes de usar este aceite de visón?

—Exacto —dijo Jerry—. ¿Y esta difícil situación te ha afectado en tu confianza en ti mismo?

—Sí, señor.

—¿De qué forma?

—Ha disminuido.

—Bien. ¿Te ha afectado en tu relación con las chicas?

—Bueno, me iba muy bien con las chicas *antes* de tener el acné, y ahora no me va tan bien.

—Exacto —dijo Jerry, parando la grabadora.

—Tenemos caso, Jim. El sufrimiento emocional es una táctica sólida para la acusación y, joder, míralo, está todo hinchado, tiene muy mal aspecto. Creo que podemos sacar entre 35.000 y 50.000 dólares de este asunto.

Una gran sonrisa de pistolero se extendió por la cara de mi padre. Le dio a Jerry un fuerte apretón de manos en señal de aprobación y me dio una palmada en la espalda.

—Buen trabajo, chico, buen trabajo.

En fin, como ya sabes, los procesos judiciales se demoran. Habían pasado dos años desde las aplicaciones del aceite de visón y el Roacutan había funcionado: hacía tiempo que no había ni rastro del acné, ni un grano en la cara, y ningún efecto secundario a la vista. Entonces me llamaron para una declaración con el abogado de la defensa que representaba a Oil of Mink. Grabadora en la mesa, botón rojo apretado.

—Matthew, ¿cómo estás, hijo?

—Estoy mejor, gracias.

—Siento mucho lo que te pasó, Matthew, debe de haber sido una época emocionalmente muy angustiosa para ti.

No podía creerlo. El abogado de la defensa me acababa de lanzar una pelota de *softball* y yo estaba preparado para machacarla por encima de la valla.

—Oh, sí, señor. *Fue* una época muy estresante emocionalmente. O sea, parecía El Hombre Elefante y tenía el cuero cabelludo seco, se me caía el pelo, me dolían las rodillas y la espalda, se me pelaba la piel de la cara, perdí la confianza en mí mismo y no me iba nada bien con las chicas. O sea, ese aceite de visón casi me deja cicatrices de por vida.

—Oh, que Dios te bendiga, joven. Solo puedo imaginarme lo duro que esto debe de haber sido, y *todavía* es, para ti.

Yo doblé mi apuesta.

—Sí, señor, así es.

Me miró fijamente un momento y a continuación una leve sonrisa de gato de Cheshire empezó a dibujarse en sus labios mientras buscaba debajo de la mesa y sacaba un anuario de instituto —*mi* anuario del instituto— de aquel año, 1988. Lo abrió lentamente por una página que tenía marcada, le dio la vuelta hacia mí y me lo pasó. Entonces, extendiendo el brazo, puso el dedo en una foto en concreto y dijo:

—¿Eres tú?

Era yo. Era una foto mía con Camissa Springs. Ambos teníamos una banda de seda colocada sobre el torso, desde el hombro hasta la cadera. En la suya se leía «La más guapa». En la mía se leía «El más guapo».

Mierda. En ese momento supe que nuestro caso estaba acabado. Me había pillado.

—¿Cicatrices de por vida, eh?... Muuuucho sufrimiento emocional —dijo mientras su sonrisa se ensanchaba.

Estaba en lo cierto: todo se había echado a perder. Caso desestimado.

Mi padre estaba desconsolado, y siguió murmurando durante semanas:

—¡Maldita sea, chico! ¡Aquí estoy, con la oportunidad de ganar entre 35.000 y 50.000 dólares en una demanda que *podíamos* haber ganado! ¡Y tienes que estropearlo y ganar el premio al más guapo! ¡Has echado a perder todo el pleito, chico! ¡Maldito seas!

La Más Bella es Camissa Springs y El Más Guapo es Matthew McConaughey.

Hay faroleros y hay mentirosos.

La diferencia es que el mentiroso intenta esconder sus trolas, mientras que el farolero te hace saber que está mintiendo.

Por eso me gustan más los faroleros que los mentirosos.

Unos meses más tarde, con mamá en sus segundas *vacaciones prolongadas* en Navarre Beach (no hubo otro divorcio, solo un pequeño «descanso» entre ellos), volvíamos a estar solos papá y yo, esta vez en nuestra casa de tres dormitorios en lugar de en la casa prefabricada. Llegué a casa a mi hora límite de medianoche. Sorprendentemente, papá estaba despierto y al teléfono.

—Por supuesto, señor Felker, acaba de llegar. Déjeme preguntarle —oí que decía mientras entraba en su dormitorio. Las luces estaban encendidas y él estaba sentado en el borde de la cama, en calzoncillos. Se quitó el teléfono de la oreja y lo sostuvo entre el cuello y los hombros.

—¿Qué has hecho esta noche, hijo?

Debería haber sabido que me había pillado, pero en su lugar decidí intentar embaucar al hombre que me había enseñado a embaucar.

—Oh, poca cosa, he ido con Bud Felker a Pizza Hut y luego me ha dejado en casa —dije.

—¿Has pagado esa pizza, hijo?

Me estaba dando una segunda oportunidad para confesar y evitar el castigo por la única cosa peor que ser *descubierto* portándome mal: mentir sobre ello. Pero en lugar de admitir lo que había hecho, y sabiendo instintivamente que *él* sabía lo que había hecho, decidí apostar doble a mi humillación.

—Bueno, creo que sí, papá… O sea, me fui al coche antes que Bud, y estoy bastante seguro de que él iba a pagarla.

Cavándome mi propia tumba, me había metido tan hasta el fondo que ahora ya no podía salir.

Papá respiró hondo, parpadeó lentamente y durante un momento parecía que estaba angustiado. Luego volvió a ponerse el teléfono en la oreja.

—Gracias, señor Felker, voy a ocuparme de esto.

Dejó el teléfono en su soporte.

Entonces empecé a sudar.

Papá puso las manos sobre las rodillas con calma y levantó la barbilla para mirarme fijamente a los ojos, y entonces vi cómo chocaban sus molares.

—Te lo voy a preguntar de otra forma, hijo: ¿*sabías* que ibais a robar esa pizza?

Solo tenía que decir «Sí, señor, papá, lo sabía» y él solo me hubiese maldecido por no cometer un delito de forma lo suficientemente cuidadosa para librarme y me habría azotado el culo con su cinturón de piel un par de veces porque me habían pillado, pero no.

Mis ojos se abrieron, una mancha de orina del tamaño de una moneda empezó a aparecer en mi entrepierna, y murmuré:

—No, señor, co-como he dicho, yo…

¡Zas! El dorso de la mano derecha de mi padre se estrelló en mi cara cuando saltó de la cama e interrumpió mi lamentable súplica. Me caí al suelo, no tanto por la fuerza de su golpe como por la inestabilidad de las piernas lechosas, cobardes y aterrorizadas sobre las que me tambaleaba.

Me lo merecía. Me lo había ganado. Lo pedí. Lo quería. Lo necesitaba. Lo logré.

Le mentí, y eso le rompió el corazón.

Robar una pizza no era gran cosa para él; había robado muchas pizzas en su vida. Solo tenía que admitirlo, pero no lo hice.

De rodillas, llorando de miedo y de conmoción como lo había hecho mi hermano Mike pero por otras razones, estaba avergonzado. Al contrario que él en el granero, yo era una rata, un *marica*, un cobarde.

«Este no es mi hijo, Katy, es tu hijo» era lo único que oía en mi mente.

Se paró encima de mí.

—La camarera de Pizza Hut reconoció a Bud. Buscó su número, llamó a su casa y le pidió a su padre que le diese el dinero de la pizza para que lo llevase mañana. Bud le explicó a su padre que fue idea suya robarla y que tú simplemente te dejaste llevar. Pero me has *mentido*, hijo, me has dicho que no sabías nada.

Él solo quería que me levantase como un hombre, que admitiese que la había cagado, que lo mirase a los ojos y terminar con el asunto, pero no.

Me acobardé, puse excusas y gimoteé mientras me miraba desde arriba. La mancha de orina de mis vaqueros empezaba a extenderse por la pierna.

Cada vez más furioso con mi falta de carácter, se dejó caer a cuatro patas como un oso frente a mí y se burló de mí:

—Vamos, te daré cuatro oportunidades por una mía. ¡Cuatro de tus mejores golpes en mi boca por uno de los míos en la tuya!

Paralizado, entumecido, no acepté la oferta. La idea de pegar a mi padre hizo que sintiese las manos como papel maché. La idea de él pegándome de nuevo hizo que mi cerebro se vaciara.

—¡¿Por qué?! ¡¿Por qué?! —se enfureció.

Incapaz de responder, me quedé trabado al nivel de las rodillas y me arrastré hacia la esquina más cercana, donde me quedé hasta que él finalmente se levantó y sacudió la cabeza en señal de negación, preguntándose qué había hecho mal para criar a un hijo tan cobarde.

Muchas veces me he arrepentido de lo que hice —o no hice— aquella noche.

Tuve mi oportunidad de tener un rito de iniciación —convertirme en *su chico* o en un *hombre* a sus ojos—, pero me entró el miedo escénico, me meé en los pantalones y suspendí el examen. Fallé.

segunda parte

ENCUENTRA TU FRECUENCIA

PRIMAVERA DE 1988

MI ÚLTIMO AÑO EN EL INSTITUTO. Todo iba rodado. Lo aprobaba todo con buena nota, tenía un trabajo que me aseguraba 45 dólares en el bolsillo en todo momento, un hándicap de cuatro en golf, había ganado el premio a «El más guapo» de mi clase y salía con la chica más guapa de mi escuela y de la escuela del otro lado de la ciudad. Sí, estaba en una racha de luces verdes.

Nunca fui el engreído que se apoya contra la pared y se fuma un cigarrillo en la fiesta; no, yo era el tipo que bailaba en la fiesta. El que *perseguía* a las chicas y se hacía hueco en la primera fila de todos los conciertos, sin importar lo tarde que hubiese llegado. Me esforzaba. Era un embaucador.

Conducía una pickup. Llevaba a las chicas a «embarrarnos en todoterreno»* después de clase en aquel vehículo. Tenía un megáfono en la rejilla delantera y por las mañanas, en el aparcamiento de la escuela, me agachaba en la cabina y decía a través del altavoz: «Mirad los vaqueros que lleva hoy Cathy Cook, ¡le quedan muuuuy bien!».

A todo el mundo le encantaba. Todo el mundo se reía. Especialmente Cathy Cook.

Yo era *ese* tipo. Era el tío divertido. Llamaba la atención.

Un día pasé conduciendo por delante del concesionario local de Nissan y vi un 300ZX color rojo caramelo en venta.

* Conducir en modo 4×4 por los arroyos de lecho húmedo del este de Texas.

Nunca había tenido un coche deportivo, y este incluso tenía techo descapotable.

Estacioné la pickup en el aparcamiento para preguntar. El comercial estaba motivado para vender.

En solo un momento cambié mi pickup por aquel 300ZX rojo caramelo con techo descapotable.

Tenía un coche deportivo rojo.

Todos los domingos por la tarde pulía y enceraba el coche. Era mi bebé.

En el instituto, empecé a aparcar en el tercer aparcamiento, un solar vacío en la parte trasera, donde las puertas de otros coches no pudieran abollar o rayar la pintura de mi nuevo bebé.

Sabía que a las chicas les iba a gustar mi coche deportivo rojo incluso más que la pickup y, por tanto, que yo les iba a gustar más. Llegaba pronto a la escuela cada mañana, estacionaba en aquel tercer aparcamiento y me *apoyaaaba* en el coche.

Yo era *muy cool.*

Mi coche rojo deportivo era *muy cool.*

Pasaron unas cuantas semanas y empecé a notar algunos cambios. No gustaba tanto a las chicas como antes. Era como si se hubiesen aburrido de verme *apoyaaado* en mi coche deportivo rojo.

Después de clase iban a «embarrarse en todoterreno» en la pickup de alguien en lugar de «pasear por las calles a techo descubierto» conmigo.

No tenía ni por asomo tantas citas como solía tener. Parecía que las chicas habían perdido interés en mí.

«¿Qué ha pasado?», me preguntaba.

Entonces, un día, la realidad me golpeó.

Había perdido mi pickup.

Había perdido el esfuerzo, el bullicio, el barro y el megáfono. Había perdido *la diversión*.

Estaba demasiado ocupado *apoyáaandome* en aquel 300ZX rojo caramelo con techo descapotable en el tercer aparcamiento.

Me había vuelto vago, había empezado a mirarme el pelo en el espejo demasiado a menudo, confiando en que aquel coche deportivo rojo haría todo el trabajo *por* mí, y estaba haciendo un trabajo de mierda.

Me había pasado de listo al cambiar mi pickup por aquel coche deportivo rojo, y había perdido mi encanto al hacerlo.

Al día siguiente, después de clase, regresé a aquel concesionario de Nissan y lo cambié de nuevo por mi pickup.

Un día después volví a estacionar en el primer aparcamiento, a flirtear con las chicas con el megáfono y a llevarlas a «embarrarnos en todoterreno» después de clase.

Y, como un reloj, estaba *de vuelta*.

Maldito deportivo rojo.

LUZ VERDE.

proceso de eliminación e identidad

El primer paso que conduce a nuestra identidad en la vida no suele ser *sé quién soy*, sino *sé quién no soy*. Un proceso de eliminación.

Demasiadas opciones pueden convertir en un tirano a cualquiera, de modo que deberíamos librarnos del exceso en nuestras vidas que nos impide ser más nosotros mismos. Cuando reducimos las opciones que no nos nutren, finalmente, casi de forma accidental, tenemos más opciones frente a nosotros que *sí* lo hacen.

Saber quiénes somos es difícil. Eliminemos primero quiénes *no* somos y nos encontraremos donde tenemos que estar.

En mi decimoctavo cumpleaños mis padres me dijeron: «Si aún no lo has aprendido, ya no lo vas a hacer». En mi familia, el decimoctavo cumpleaños era un momento trascendental. Significaba que ya no había reglas. Significaba que ya no había toques de queda. Significaba independencia. Significaba libertad.

Me gradué en el instituto y, como la mayoría de los chicos, no estaba seguro de qué quería hacer con el resto de mi vida. O sea, *creía* que quería estudiar Derecho y ser abogado defensor, pero no estaba del todo seguro. A mi madre se le ocurrió una idea innovadora:

—Eh, te encanta viajar, Matthew. ¿Por qué no te planteas ser estudiante de intercambio?

Inmediatamente me entraron ganas de hacerlo.

—Suena atrevido y salvaje, me apunto.

Fuimos al Rotary Club local que se encargaba del programa de intercambio y me informaron de que tenían dos vacantes para un intercambio en el extranjero: una a Suecia y otra a Australia. Sol, plazas, surf, Elle McPherson, se habla inglés… Elegí Australia.

El siguiente paso fue sentarme en una mesa de una sala de juntas frente a doce tipos con traje en el Rotary Club local. Después de aprobar los documentos con mi historial, uno de ellos dijo:

—Creemos que serás un gran embajador del estado de Texas y de Estados Unidos en la lejana tierra de Australia. Estamos encantados de que vayas, pero antes necesitamos que firmes este papel diciendo que no volverás hasta finalizar el año completo de intercambio.

Aquello me pareció raro.

—Pero yo *voy a ir* todo el año, ese es el plan.

—Todo el mundo dice eso —replicó—, pero la razón por la que necesitamos que firmes este contrato es que todos los estudiantes de intercambio sienten mucha nostalgia e intentan regresar a casa antes. No podemos dejar que eso suceda, y ese es el motivo por el que necesitamos que firmes este documento declarando que «Yo, Matthew McConaughey, prometo no volver a casa antes de tiempo a no ser que se produzca una tragedia o una muerte en mi familia».

—Mire —dije—, no voy a firmar ese papel, pero vamos a firmarlo con un apretón de manos. Yo no voy a abandonar y volver a casa, estoy listo para estar todo el año fuera.

Lo miré a los ojos.

—¿Trato?

Él aceptó, nos estrechamos la mano y pronto estaba haciendo las maletas para irme a Australia un año entero. Partía dentro de diez días.

Unos días después recibí la primera carta de mi familia de acogida en Australia, los Dooley. Decía así: «Estamos ansiosos por conocerte y tenemos muchas ganas de tenerte en nuestra casa, Matthew. Vivimos en el paraíso. Cerca de la playa, a las afueras de Sídney, te va a encantar».

Sí. Espectacular. Todo lo que anhelaba —la playa, Sídney—, iba a ser genial. *Australia, ahí voy.*

Día 1
Llegué a la terminal del Aeropuerto Internacional de Sídney. Bolsa de viaje sobre el hombro, bajaba por una larga rampa hacia una sala enorme con miles de personas esperando a sus llegadas cuando oí, en medio del mar de gente charlando y saludando a sus visitantes: «¡Matthew! ¡Matthew! ¡Matthew!». Mis ojos viraron hacia el sonido. Vi una mano brincando arriba y abajo por encima de todas las demás cabezas y moviéndose hacia el final de la rampa. «¡Matthew! ¡Matthew! ¡Matthew!»

Cuando llegué a nivel del suelo, el propietario de aquella mano que daba saltos que estaba gritando mi nombre estaba allí para recibirme. Con una sonrisa entusiasta bajó la mano y yo se la estreché. Norvel Dooley, 1,65 metros, cien kilos, bigote, calvo y con un cierto acento inglés que más tarde averiguaría que era un artificio que usaba para parecer más *correcto*.

—Oh, aquí está, míralo, un chico americano fuerte y guapo. ¡Bienvenido a Australia, hijo! Te va a encantar.

Me presentó a su mujer, Marjorie. Llevaba un vestido de poliéster blanco con grandes lunares verdes, medía 1,50 y usaba un andador por una deformidad cifótica de la columna (que en aquella época llamábamos joroba). Me incliné y le di un gran abrazo y un beso, y ella levantó los brazos, me sostuvo la cara en las manos y entonces dijo amablemente:

—Bienvenido a Australia, Matthew. Bienvenido a tu nueva familia. Este es mi hijo, Michael.

Con la camisa abotonada y metida por dentro con un protector de bolsillo, Michael llevaba un llavero en la trabilla derecha del cinturón que contenía 50 llaves, 48 de las cuales averiguaría más adelante que eran totalmente innecesarias, pero, como el acento de su padre, hacían crecer su ego. Cuando extendí la mano para estrechar la suya, la esquivó en favor de un abrazo cordial, antes de dar un paso atrás y empezar a darme palmadas extremadamente firmes y rudas en mitad de la espalda, diciendo: «¡Mi hermano pequeño! ¡Mi hermano pequeño!».

Y estos eran los Dooley.

Nos subimos al coche y salimos del aeropuerto. Yo iba de copiloto, Norvel conducía, y Marjorie y Michael estaban en el asiento trasero. Después de cerca de una hora, me di cuenta de que la silueta de la ciudad metropolitana de Sídney había quedado muy atrás en el retrovisor. Incluso las *afueras* parecían fuera de vista.

—Entonces..., técnicamente, no viven en Sídney, ¿verdad? —le pregunté a Norvel.

—No, amigo —respondió con orgullo—. Esa es la gran ciudad. Pecado, pecado, pecado por todas partes, amigo. No te gustaría vivir allí, no es lugar para hombres civilizados. De hecho, vivimos en un sitio pequeño al final de la carretera llamado Gosford, en la Costa Central. Un gran lugar, con playas bonitas, te va a encantar.

Continuamos nuestra charla, y habíamos avanzado otros cuarenta minutos cuando llegamos a Gosford. Parecía tener una población de un par de cientos de miles de habitantes; estaba en la costa, con miles de playas, un sitio bonito.

—*Esto* me va a gustar mucho, es muy bonito —dije en voz alta. Nadie dijo nada.

Continuamos conduciendo más allá del centro de la ciudad otros quince o veinte minutos cuando me percaté de que Gosford ya había quedado atrás en el retrovisor. Raro.

—Entonces..., tampoco viven en Gosford, ¿no? —pregunté de nuevo con respeto. Norvel, de nuevo, manifestó con orgullo:

—Oh, no, sigue siendo un poco demasiado urbanita, amigo, de moral relajada; la vida en el campo es mucho mejor que en este sitio. En realidad, vivimos justo al final de esta carretera, más o menos en un lugar llamado Toukley. Te va a encantar.

Continuamos otros cuarenta minutos y llegamos a la localidad de Toukley. Cinco mil habitantes. Tenía un burdel , un bar y un pequeño supermercado, pero seguía estando en la costa y era un lugar muy bonito.

—Vale, vida de pueblo pequeño, me recuerda al lugar donde nací, puede gustarme.

No dijeron nada. Norvel continuó conduciendo.

Seguimos seis o siete minutos más y llegamos a la rotonda al otro lado del pueblo. Ahora ya bastante confundido, pregunté:

—Entonces..., ¿tampoco es en Toukley donde viven?

Sin dudar y con la misma determinación, Norvel contestó:

—No, Toukley es un buen sitio, pero un poco grande para nuestro gusto. Realmente vivimos en una pequeña casa un poco más abajo en el camino, Matthew, en un bonito lugar llamado Gorokan. Te va a encantar.

El pavimento se convirtió en asfalto.

Unos minutos más tarde nos topamos con Gorokan: 1.800 habitantes, un adormilado pueblo interior de una sola calle. Ninguna playa a la vista. Un par de casas pequeñas de madera de una planta a derecha e izquierda de la calle principal. Respiré medio profundamente y antes de que me diese cuenta estábamos tomando otra rotonda al otro lado del pueblo, el asfalto se había convertido en un camino de tierra y Gorokan quedaba en el retrovisor.

Ya un poco molesto, más que preguntar, afirmé:

—Así que tampoco viven en Gorokan, ¿verdad?

—No —gruñó de entusiasmo Norvel—, pero estamos muuuy cerca, amigo, justo al final del camino, en un pequeño y bonito lugar en el campo, te encantará.

Transitamos por aquel camino polvoriento durante unos ocho kilómetros. Yo miraba el campo por la ventana, tratando de recalibrar mis expectativas, cuando un gran letrero verde en el arcén interceptó mi vista. Decía: WARNERVALE, POBLACIÓN: 305. Sin rastros de civilización a la vista, continuamos otro kilómetro y medio pasado el letrero y tomamos el primer giro a la izquierda que pudimos, luego el primero a la derecha y finalmente nos metimos en un acceso de gravilla hasta la puerta del garaje de la única casa que se veía, nos detuvimos y el motor se paró, y entonces Norvel dijo con gran fanfarria:

—Bienvenido a Australia, Matthew. Te va a encantar.

Día 4

Estaba fregando los platos de la cena cuando Norvel y Marjorie entraron en la cocina.

—Matthew, queremos invitar a la familia este fin de semana y hemos pensado que podrías cocinar algo, tal vez algo típico americano.

—Me encantaría —dije, pero *¿qué podía cocinar?*—. Ah, no hay nada más americano que una hamburguesa; eso es, comeremos unas buenas hamburguesas típicas americanas.

—Buena elección, Matthew —dijo Norvel mientras se daba la vuelta para irse.

—En realidad… ¡no! —elevé la voz—. Lo retiro. Vamos a tomar hamburguesas con queso, porque *el hombre que inventó la hamburguesa era listo, pero el que inventó la hamburguesa con queso era un genio.*

Empecé a escribir una lista de la compra para mi obra de arte culinaria —panecillos blancos tiernos, rodajas de pepinillo encurtido, queso cheddar y americano, cebolla roja, aguacate, jalapeños, mayonesa de verdad, buen kétchup— cuando noté un golpecito en el hombro. Era Norvel.

—Matthew, ¿puedes venir conmigo, por favor? Me gustaría hablar contigo un segundo.

Salimos de la cocina, cruzamos la sala de estar y caminamos por un pasillo, donde abrió la segunda puerta a la derecha.

—Por aquí, por favor —señaló mientras me escoltaba hacia la habitación.

Era su despacho. Luego cerró la puerta y señaló la silla frente al escritorio. Me senté. Entonces se fue detrás del escritorio, se acercó a una plataforma, donde se ubicaba su silla, y se sentó en ella.

Extrañamente, Norvel, que medía 1,65 metros, ahora estaba sentado unos 45 centímetros por encima de mi altura. Se puso cómodo y se inclinó hacia atrás. Colocando los codos en el escritorio, cruzó las manos nudillo a nudillo, me miró a los ojos y dijo muy seriamente:

—Matthew, me gustaría hablar contigo sobre tu elección de palabras.

—Sí, señor —dije—. ¿Qué me quiere decir?

Con la barbilla en aquellos nudillos, volvió los ojos hacia un retrato de Winston Churchill que había en la pared, inspiró como para tranquilizarse y dijo:

—Has dicho que el hombre que inventó la hamburguesa era listo pero el hombre que inventó la hamburguesa con queso era un genio, ¿verdad?

—Sí, señor, eso he dicho.

Tomó otro aliento aristocrático.

—Matthew..., esa es simplemente tu opinión. En el tiempo que estés aquí con nosotros aprenderás a apreciar buenos vinos, buenos quesos, y a NO expresar tu opinión para las masas.

—Norvel, es una forma de hablar —dije—. Básicamente significa que me gustan más las hamburguesas con queso que las hamburguesas clásicas.

—¡Ah! ¡Ah! ¡Ah! —me reprendió mientras agitaba el dedo hacia mí—. Como he dicho, mientras dure tu estancia en Australia, aquí en la casa de los Dooley, aprenderás a apreciar buenos vinos, buenos quesos y a NO expresar tu opinión para las masas.

Lo decía muy en serio.

Aparte de la noción de los Dooley de que un lugar a más de dos horas en coche seguía siendo las *afueras de Sídney*, esta lectura sin sentido fue la primera cosa extraña que me pasó en Australia.

Me quedé desconcertado, pero lo achaqué a las «diferencias culturales».

Día 8

Empecé las clases.

Ya me había graduado en América, pero esta escuela decidió inscribirme en el penúltimo curso porque había llegado a mitad del trimestre. La idea era que pudiese entrar en el último curso al año siguiente con el mismo grupo de chicos.

Dos semanas en el plan de estudios y el programa me pareció pan comido. Las matemáticas eran tan fáciles que me aburría, pero estaba disfrutando de la escritura creativa en las clases de inglés. Los profesores, por otro lado, no parecían compartir mi entusiasmo. Corregían en rojo todo lo que escribía y me ponían siempre insuficientes menos por mi uso de contracciones, eufemismos, palabras inventadas y algunas blasfemias.

—Mire, yo sé *cómo* escribir, he superado esas pruebas. Estoy escribiendo así a propósito, estoy siendo creativo, expresándome —decía.

¿Su respuesta?

—¡Insuficiente menos!

Socialmente la escuela también era extraña. Todo el mundo llevaba uniformes y jugaba a pillar a la hora de comer. Nadie tenía carnet de conducir, nadie quería ir a una fiesta y yo no gustaba a las chicas. Me sentía como si hubiera vuelto a la secundaria. Empecé a echar de menos mi pickup, mis amigos, aquellas novias, mi libertad, Texas. Pero me dije que todo estaba bien, que todo era parte de la aventura; *diferencias culturales*.

Pronto empecé a saltarme las clases a diario y a ir a la biblioteca, donde descubrí al gran poeta inglés Lord Byron. Tenía tres casetes de música: *Kick* de INXS, *Maxi/Maxi Priest* de Maxi Priest y *Rattle and Hum* de U2.* Los escuchaba en mi *walkman* mientras leía sobre el amor.

Dos semanas después, el director vino a buscarme a la biblioteca.

—Matthew —dijo—, no parece que la escuela esté funcionando, amigo. Estaba pensando que quizá podríamos trasladarte a nuestro programa de *experiencia laboral*, con el que practicarías un intercambio fuera del campus. No te pagarían, pero *sí* obtendrías crédito escolar.

Sí, joder.

—Me apunto —dije.

Mi primer trabajo fue como cajero en el Australia and New Zealand Bank. Estar entre adultos me reanimó. Me hice amigo del gerente del banco, Connor Harrington; disfrutábamos de comidas y algunas pintas juntos después del trabajo.

De nuevo en casa con los Dooley, seguían sucediendo cosas peculiares.

Como de costumbre, en el hogar de los Dooley tomábamos una cena temprana, a las 17.00 o 17.30. Siempre estábamos yo, Norvel, Marjorie, Michael y su novia, Meredith, en la mesa de la cocina. Meredith tenía veintidós años y una ligera discapacidad en el desarrollo que no le permitía conducir vehículos de motor. También tenía el hábito de estrujarse con los dedos los granos de pus que a veces tenía en las mejillas cuando se ponía nerviosa. Me gustaba Meredith, nos llevábamos bien, y tenía un gran sentido del humor.

* Aún es uno de mis álbumes favoritos de todos los tiempos.

Una tarde, mientras estábamos cenando, tenía puesto en la televisión los Juegos Olímpicos justo a la vista desde la sala de estar. Estados Unidos estaba a punto de competir en la final femenina de la carrera de atletismo de 4×100 metros relevos. Yo parecía ser el único interesado. *¡Bang!* Sonó el pistoletazo de salida y menos de 42 segundos después las mujeres norteamericanas habían ganado el oro. Apreté el puño en señal de orgullo y patriotismo y dejé escapar un «¡Sí!» entre dientes, más que nada para mí mismo.

Norvel, evidentemente, vio el gesto como un momento ideal para una lección de historia. Saltó de la silla y se precipitó hacia la sala de estar, *apagó* el televisor en medio de la celebración y volvió a la cocina. De pie, por encima de mí, me dijo:

—Matthew, ¿puedes venir conmigo, por favor? Quiero hablar contigo un segundo.

Uh-oh. Me escoltó fuera de la cocina, pasando por la sala de estar, y luego por el pasillo hasta la segunda puerta a la derecha. Sí, *de nuevo* en su despacho, donde esta vez cogió una enciclopedia de la estantería, se sentó en su silla elevada, echó un vistazo a Winston en la pared y empezó a sermonearme.

—Un *verdadero* atleta, Matthew, un *gran* atleta, fue un joven de Gran Bretaña llamado David Broome, quien, en las Olimpiadas de 1960, ¡ganó la medalla de bronce en el concurso de saltos ecuestres!

—Vale, eso mola, Norvel —dije.

—Y otra cosa, Matthew, esa película tonta que estabas viendo la otra noche, *El pelotón chiflado*, ¡es estúpida e inmadura! —dijo con un marcado acento inglés en la última palabra—. Es *oootro* ejemplo de la inferioridad del humor americano respecto al inglés.

Guau.

—Vale… ¿le importa si termino de ver las Olimpiadas?

Empezaba a sentirme bastante incómodo en casa de los Dooley. «Pero, eh —me dije de nuevo—, solo son diferencias culturales.»

Día 90

Trabajando ahora como ayudante de un abogado, disfrutaba de mis días en el juzgado, ayudando a escribir alegatos finales, estudiando al jurado, investigando Historia de la Ley y tomando notas para el jurista al que asistía. También era una preparación estupenda para mis planes de futuro de convertirme en abogado. Sin embargo, en casa de los Dooley, las *diferencias culturales* estaban empezando a sacarme de quicio.

Mi identidad se tambaleaba y necesitaba algo de resistencia para encontrar un punto de apoyo, algo que superar, una disciplina a la que adherirme, un nuevo propósito para poder mantener la cordura en aquel lugar extraño en el que estaba. Decidí convertirme en vegetariano. El problema era que no sabía cómo ser vegetariano, de modo que empecé a comerme una lechuga iceberg con kétchup para cenar todas las noches.

También empecé a correr diez kilómetros al día después del trabajo y me quedé muy delgado.

Asimismo, decidí ser abstemio lo que quedaba de año, que eran todavía nueve meses.

Empecé a pensar que la llamada de mi vida era convertirme en monje.

Hice planes para ir a Sudáfrica después del año de intercambio y liberar a Nelson Mandela.

Escribía cartas a mi madre y a mi padre, a mis amigos y a antiguas novias. Mi primera carta, que escribí durante la primera semana en casa de los Dooley, fue garabateada con un rotulador Sharpie negro:

«Eh, aquí tirando gambas a la barbacoa. Os quiero, Matthew.»

Pero ahora mis cartas tenían nueve, diez, once, doce, dieciséis páginas, con una letra diminuta y meticulosa y frases mal construidas de ocho líneas con demasiados adjetivos y adverbios. Aparte de mi madre, mi amigo de la infancia Robb Bindler era el único que me respondía. Amante de la escritura, aceptaba mis frenéticas filigranas en las cartas y sus respuestas tenían una longitud similar pero eran menos locas. No obstante, sobre todo escribía para mí mismo.

Pero estaba bien, ¿vale? Solo tenía un poco de nostalgia de casa. *Diferencias culturales*. Lo tenía controlado…

límites a la libertad

Necesitamos límites, fronteras, gravedad, demarcaciones, forma y resistencia para tener orden.

Este orden genera responsabilidad.

La responsabilidad genera juicio.

El juicio genera elección.

En la **elección** reside la libertad.

Para crear el clima que nos ofrezca el viento más favorable

primero debemos eliminar lo que causa la mayor fricción en nuestro núcleo.

Este proceso de eliminación **crea orden** por defecto y, por lo tanto, tiene **más** que ver con ir hacia delante, por ejemplo, y **menos** con alejarse de algo.

Entonces aceptamos estas afirmaciones porque hacerlo nos aportar placer y menos dolor.

Así que las cultivamos hasta que se convierten en hábitos y forman nuestros **principios**,

y entonces **proliferan** y se convierten en **efluvios de nuestra esencia.**

Aquí es donde nace la verdadera **identidad.**

Nos engañamos con la libertad si creemos que significa deshacerse de las limitaciones que tenemos alrededor.

Este es el **arte de vivir** —de la autosatisfacción— en un hilo de **linaje** con nuestro pasado, **esperando** nuestro futuro, necesitamos **lidiar** con nuestro presente,

y **elegir.**

Día 122

Eran las 17.15. Yo estaba tranquilamente comiéndome mi lechuga con kétchup en la mesa del comedor con Norvel, Marjorie, Michael y Meredith cuando llegó la jalea de menta con el cordero y yo pasé de ella inmediatamente. Al verlo, Norvel se levantó bruscamente y se dirigió a mí:

—Matthew, eres un joven americano inmaduro, y entenderás que *duuurante* tu estancia en Australia, con nosotros en esta casa, la jalea de menta va con el cordero.

—He probado la jalea de menta —dije—. La verdad es que no me gusta. Y, además, no como carne.

Un par de semanas más tarde, después de otra barbacoa de sábado con toda la familia (sin hamburguesas esta vez), Marjorie me llamó a la cocina, donde estaba fregando los platos.

—¡Matthew! Ven aquí —gritó—. ¡Matthew! Ven aquí.

Al entrar en la sala de estar vi a toda la familia —tías, tíos y primos, dieciocho en total— de pie en una fila contra la pared. Al final de la fila estaba Meredith, mirando abajo tímidamente, rascándose la frente con un par de dedos. Todo el mundo estaba esperando mi llegada.

—¿Qué pasa? —pregunté.

Michael estaba en el lado opuesto de la sala, de pie en una esquina, jugueteando nerviosamente con las cincuenta llaves. Entonces Marjorie, que había estado bebiendo vino todo el día, dijo bastante mareada, a mí y al resto de las personas que estaban en la habitación:

—Matthew, Meredith está a punto de irse, ¡¿por qué no le das un beso de despedida… en los labios?!

Todo el mundo hizo «¡Ohh!» y «¡Ahh!» y se rio maliciosamente. Meredith seguía con la cabeza baja, ahora con los cinco dedos en la mejilla. Michael dejó los puños apretados a los lados y empezó a caminar por la sala.

—Ya me he despedido de Meredith, Marjorie. También le he dado un abrazo —dije.

Marjorie, que no estaba dispuesta a aceptar la negativa, insistió:

—No, no, Matthew, venga, dale un beso… en los labios.

—¿Qué? —dije, y luego miré a Meredith al final de la fila, que levantó la barbilla lo suficiente para mirarme a los ojos y entonces la bajó rápidamente de nuevo.

Yo intentaba entender qué estaba sucediendo. ¿En los últimos meses Meredith había malinterpretado el humor amable y la benevolencia como intenciones románticas y se había enamorado de mí? ¿O simplemente Marjorie había bebido demasiado y había decidido usar una broma de mal gusto para tratar de humillarme a mí, a Meredith y especialmente a Michael? No lo sabía, pero, de cualquier manera, llevarlo de *esta* manera no estaba bien.

«Mi hermano mayor» Michael se paseaba ahora con mayor resentimiento y vergüenza, girando aquellas cincuenta llaves aún más rápido.

Todos los demás empezaron a provocarme:

—¡Sí, hazlo, Matthew! ¡Hazlo!

«¿Cómo voy a paliar esta situación?», pensé. Luego respiré profundamente, caminé hacia Meredith y le dije tranquilamente:

—Meredith, ¿te he dado ya un abrazo de despedida?

Meredith, demasiado avergonzada para levantar la vista, no dijo nada.

Entonces, en un gesto paternal, puse las dos manos sobre sus hombros y esperé a que finalmente me mirase.

La sala empezaba a recobrar la sobriedad.

—Ya te he dado un abrazo de despedida, ¿verdad, Meredith?

Lentamente empezó a asentir con la cabeza.

—Gracias —dije.

—Gracias *a ti* —dijo en voz baja.

Entonces me volví hacia Marjorie y le hablé severamente, con total sinceridad:

—Marjorie, no vuelvas a hacerme esto. No es justo. No es justo para mí, ni para Meredith, ni para tu hijo Michael.

Luego salí de la sala y volví a la cocina para terminar de fregar los platos.

Malditas *diferencias culturales*.

Día 148

Había bajado a 63 kilos y mi nariz goteaba constantemente.

El último mes, cada noche después de cenar, volvía a mi cuarto de baño, me preparaba un baño caliente, escuchaba uno de mis tres casetes en el *walkman*, escribía otra carta de quince páginas para mí mismo y me masturbaba con Lord Byron.

Cada noche.

Ahora estaba en mi sexto trabajo. Había sido cajero de banco, mecánico de barcos, procesador de fotos, ayudante de abogado, trabajador de la construcción y asistente de golf profesional.

Estaba sentado a la mesa de nuevo para la cena, cabizbajo, comiéndome la lechuga con kétchup, esperando que fuesen las 17.45 para retirarme al cuarto de baño de nuevo para mi ritual de la tarde cuando, de repente, Norvel dijo:

—Matthew, Marjorie y yo hemos decidido que, *duuurante* tu estancia aquí en Australia, te referirás a nosotros como mamá y papá.

Oh, esta me pilló por sorpresa. Me quedé sin habla durante unos segundos mientras pensaba en cómo responder.

—Gracias, Norvel —dije—. Gracias por... pensar en mí de esa forma, pero... yo ya tengo una madre y un padre... *y* siguen vivos.*

Norvel replicó rápidamente:

—Como he dicho, Marjorie y yo hemos decidido que *duuurante* tu estancia en Australia con nosotros, en esta casa, te referirás a nosotros como mamá y papá.

No dije nada y me puse a terminarme el último trozo de lechuga cubierta de kétchup. Cuando acabé, recogí educadamente los platos de todos, los llevé a la cocina y los fregué. Luego me detuve en la mesa para dirigirme claramente a todo el mundo antes de volver a la intimidad de mi protocolo de la tarde.

—Buenas noches, Nor-vel; buenas noches, Mar-jo-rie; buenas noches, Michael; buenas noches, Meredith.

Por primera vez en 148 días, mi cabeza, mi corazón y mi espíritu se pusieron de acuerdo inmediatamente en algo: «No. Ni de coña voy a llamar "mamá" y "papá" a alguien que no sea mi propia madre o mi propio padre. Eso no es negociable. Esto no es una diferencia cultural, y si lo es, entonces no lo lamento; simplemente soy distinto».

Solo en un país extranjero, en un mundo incómodo, asumí la respon-

* No sé por qué sentí la necesidad de contextualizar mi razonamiento diciendo «y siguen vivos», como si no lo estuvieran, pero lo hice.

sabilidad sobre quién era y en qué creía. Manifesté una opinión, y elegí. No necesitaba aprobación y la lucidez me aportó identidad. No iba a perder mi ancla, tanto por principios como para sobrevivir.

La mañana siguiente, mi alarma fue el sonido de una mujer chillando desde el otro lado de la casa. Eran las 06.00.

—¡No-va-a-llamarme-mamáaaaa! ¡No-va-a-llamarme-mamáaaaa!

Salté de la cama y corrí hasta toparme con Marjorie, que lloraba desconsoladamente, charcos de lágrimas en la mesa, gritando a los cuatro vientos.

La rodeé con el brazo.

—Vamos, Marjorie, no es nada personal. ¿Cómo te sentirías si tu hijo Michael llamase a otras personas mamá y papá?

Lloramos mucho juntos, por razones distintas.

Fue entonces cuando decidí que tal vez era el momento de buscar otra familia con la que vivir *duuurante* mi estancia.

Aquella tarde hubo un tornado. No había ni un coche por la calle. Llovía de costado, con vientos de más de setenta kilómetros por hora, y un cielo con tonos rosas y amarillos intensos. Salí a correr de todas formas y llegué hasta la casa del presidente del Rotary Club local, Harris Stewart.

Él mismo abrió la puerta.

—Amigo, ¿qué diablos estás haciendo? ¿Qué ocurre?

—Solo he salido a correr, Harris, y quería verlo por un tema.

—Venga, mete tu trasero aquí dentro, ¿estamos en alerta de tornado y tú sales a correr?

Entré y me sequé.

—¿Qué pasa, amigo? —preguntó.

Respiré hondo.

—Escuche, señor, si es posible, me preguntaba si habría otra familia en el Rotary Club que pudiese acogerme.

—¿Todo bien con los Dooley?

—Sí, sí, todo bien —dije sin querer delatar a nadie—. Simplemente me gustaría vivir la experiencia… de otra familia, si puede ser.

—Que una familia te acoja significa otra boca que alimentar, Matthew —dijo—, y la economía de la zona no ha sido muy buena últimamente, pero… veré qué puedo hacer.

Dios bendiga a Harris Stewart.

Habló con Connor Harrington, mi amigo y gerente del banco en el que había trabajado como cajero. Connor y su mujer aceptaron acogerme. Dios bendiga a Connor Harrington. Aquel jueves, en la reunión semanal del Rotary, Harris Stewart declaró con el micrófono a toda la sala:

—Nuestro estudiante de intercambio, Matthew, ha estado viviendo felizmente con los Dooley durante seis meses; gracias, Norvel.

Gran aplauso.

—Y ahora —continuó— va a mudarse con los Harrington; gracias, Connor.

Más aplausos.

La reunión terminó, se estrecharon manos por todas partes.

Todo estaba cerrado, sin dramas. Norvel Dooley estaba en la reunión, sentado a mi lado, durante el anuncio de Harris. Ahora le estaba estrechando la mano en señal de acuerdo, elogiándome delante de los demás miembros del Rotary, plenamente conscientes y de acuerdo con el nuevo plan.

—Te recogeré el próximo martes a las 18.30 —me dijo Connor delante de Norvel.

—Por supuesto, Connor, nos vemos entonces —respondió Norvel.

Genial, todo listo.

Norvel y yo volvimos a casa juntos; no me dijo nada.

Aquella noche di las buenas noches a Norvel y Marjorie antes de irme a la cama, y ellos me dieron también las buenas noches, nada más. A la mañana siguiente, me levanté, desayuné, fui a trabajar, volví a casa, cené y dije «buenas noches» de nuevo antes de irme a dormir. Nada.

Llegó el sábado y no vino la familia para una fiesta de despedida, ni hubo un «¿Qué vamos a hacer en tus últimos días aquí?»… Nada.

Domingo: nada.

Lunes: nada.

Martes por la mañana: nada.

Llegué a casa del trabajo temprano, mis dos maletas estaban hechas desde el jueves anterior por la noche, y había comprobado tres veces que lo tenía todo listo.

Habían pasado cinco días sin una palabra de aceptación de mi marcha cuando nos sentamos a la mesa para tener nuestra última cena de las 17.00 juntos: yo, Norvel, Marjorie, Michael y Meredith. Yo masticaba mi lechuga con kétchup. Ellos cenaban en silencio.

A las 17.30 me levanté de la mesa y fui a fregar los platos. Nada.

Cuando terminé, regresé a mi habitación para comprobar por cuarta vez que lo tenía todo empaquetado. Connor iba a llegar en menos de media hora. Ansiaba ese momento. Empecé a pasearme por mi habitación, mirando el reloj cada treinta segundos.

Entonces oí que llamaban a la puerta.

La abrí.

Y allí, en la entrada, estaba Norvel Dooley, las manos en las caderas, las piernas ligeramente separadas, con una postura rígida y en guardia.

—Eh, Norvel, ¿qué pasa?

Sin inmutarse, dijo:

—Matthew, Marjorie y yo hemos decidido que te quedarás con nosotros *duuurante* toda tu estancia en Australia, en esta casa, con nosotros. Deshaz las maletas.

En el ocaso de mi zona oscura, conmocionado, me restablecí y tomé de nuevo el mejor camino.

—Uh..., gracias, Norvel, por ofrecerme su casa para el resto de mi estancia en Australia —dije, intentando permanecer tranquilo—. Pero tengo que pasar un año entero en su país, en Warnervale, y quiero experimentar todo lo que sea posible y... vivir con otra familia sería otra experiencia para mí.

Levantó la barbilla y fijó los talones en el suelo.

—Matthew, deshaz las maletas. Marjorie y yo hemos decidido que te quedarás con nosotros *duuurante* toda tu estancia en Australia —repitió.

Perdí el control. Retrocedí y lancé un salvaje gancho de izquierda a través de la puerta del dormitorio con tanta fuerza que el puño salió por el otro lado. Saqué el brazo, con sangre y perforado por los trozos de madera contrachapada que se me habían clavado. Estaba temblando, lleno de ira, confuso de nuevo. Norvel también empezó a temblar, los ojos salidos por la conmoción.

—Norvel —bramé—, ¡quita tu maldito culo gordo de mi camino o te voy a derribar y a arrastrarte por tu acceso de gravilla durante tanto tiempo que vas a estar quitándote piedras de la espalda hasta el día en que te MUERAS!

Empezó a retorcerse, su boca empezó a temblar y a abrirse y entonces empezó a retroceder.

Me quedé allí parado, mirándolo, con los puños apretados, un brazo sangrando, a punto de mearme en los pantalones de lo lívido que estaba.

Entonces él se dio la vuelta y se fue corriendo por el pasillo.

Me quité las astillas del brazo y me lo lavé en el lavabo del cuarto de baño. Empapé una toalla de agua fría y me limpié el brazo y la cara. Caminé por la habitación intentando rebajar mis pulsaciones y averiguar qué mierda acababa de pasar cuando escuché el sonido de un claxon. Miré el reloj. Eran las 18.30.

Hice rodar las maletas por todo el pasillo, pasé por el despacho de Norvel, por la sala de estar, por la cocina y, pasado el garaje, hasta el acceso para coches. Allí estaba Connor Harrington con su Land Cruiser. Norvel estaba allí también, junto con Marjorie, Michael y Meredith —todo el mundo—, abrazándose y armando un escándalo como si estuviesen mandando a su último hijo a la guerra. Marjorie berreaba en su andador. Michael lloraba como un niño mientras me daba un abrazo de oso. Meredith sollozaba y se pellizcaba las mejillas cuando la besé en la frente. Incluso Norvel soltó alguna lágrima. Cargaron mis maletas en la parte trasera del Land Cruiser y Connor y yo nos alejamos. En el retrovisor vi cómo los Dooley estaban alineados al final del camino, parados en el mismo lugar donde me detuve yo el día que llegué, abrazándose, derramando lágrimas y diciéndome adiós con la mano hasta que estuve fuera de su vista.

`Día 326`

Era sábado por la noche y mi último día en Australia. Al día siguiente cogería un avión para volver a casa. Había estado allí un día menos de un año natural. Los últimos meses había vivido con los Stewart, y los dos meses anteriores con una familia llamada Traver, y con los Harrington el mes previo. Todos ellos eran gente excepcional y mejores amigos entre ellos. Esa noche se habían reunido todos en casa de Harris para mi fiesta de despedida. Estábamos haciendo lo que siempre hacíamos los sábados por la noche: Harris tocaba la guitarra mientras el resto nos turnábamos para leer *Perfiles* de Woody Allen en voz alta, partiéndonos de risa y bebiendo oporto hasta las tres de la mañana.

Justo después de medianoche Connor Harrington soltó de la nada:

—Eh, Macka (su nombre australiano para mí), ¿cómo carajo pudiste vivir tanto tiempo con los Dooley?

Parcialmente estupefacto, pregunté:

—¿Qué quieres decir?

Todo el mundo empezó a reír tímidamente.

—¡Quiero decir que están de la puta olla! —dijo mientras se reía a carcajadas.

Toda la sala estalló en carcajadas, una cacofonía de histeria.

Abrí mucho la boca y los miré a todos, perplejo. Se retorcían de la risa, les parecía graciosísimo. Al final grité:

—¡Hijos de puta! ¡Lo SABÍAIS desde el principio! ¡SABÍAIS que estaban locos! ¿¡Y dejasteis que viviera allí!? ¡Casi me vuelvo loco!

Se rieron aún más fuerte. Entonces yo también empecé a reírme y pronto estábamos *todos* rodando por el suelo.

Fue una gran broma australiana.

De hecho, mi estancia en casa de los Dooley *fue* una tortura. Un infierno mental. Una verdadera luz roja en ese momento. Todas mis visiones de grandeza se quedaron en un espejismo.

Pero un «trato con un apretón de manos» no me daba la opción de volver a casa, de modo que aguanté. Solo más tarde llegué a darme cuenta de que el sufrimiento y la soledad que experimenté fue uno de los sacrificios más importantes de mi vida.

Antes de mi viaje a Australia nunca había sido un hombre introspectivo. En aquel viaje me vi forzado a mirar dentro de mí por primera vez para encontrarle sentido a lo que estaba pasando a mi alrededor.

La vida que había dejado en Texas era un verano que duraba el año entero. «El más guapo», las mejores notas en todo, salir con la chica más guapa del colegio (*y* de la ciudad entera), una pickup por la que no pagué nada, y sin toque de queda.

Australia, la tierra de las playas soleadas, los bikinis y las tablas de surf que nunca vi, me aportó la capacidad de respetar el invierno. Estuve solo, durante un año entero. Me metía en la bañera todas las noches antes de que se escondiese el sol y me masturbaba con Lord Byron y *Rattle and Hum*. Cada día me decía: «Estoy bien, todo va bien. Ya lo tienes, McConaughey, solo son *diferencias culturales*». Fui vegetariano, bajé a 59 kilos, fui abstemio, hice planes para convertirme en monje y liberar a Nelson Mandela.

Sí, me vi forzado al invierno. Forzado a mirar en mi interior porque no tenía a nadie más. No tenía *nada* más. Había perdido mis muletas. Ni mamá, ni papá, ni amigos, ni novia, ni buenas notas, ni teléfono, ni mi pickup, ni «El más guapo».

Y tenía toque de queda.

Fue un año que dio forma a quien soy hoy.

Un año en el que me encontré a mí mismo porque me vi forzado a ello.

Un año que también plantó las semillas de una idea que continúa guiándome: la vida es dura. Nos pasan cosas malas. Hacemos que pasen cosas malas. Para mí, era **inevitable** estar allí todo el año porque había acordado hacerlo. Me comprometí voluntariamente conmigo mismo de modo que «no había vuelta atrás». Así que **relativicé**. Negué la realidad de que los Dooley estaban mal de la cabeza. *Fue* una crisis. Solo que no le di crédito a la crisis. Caminé por el agua hasta que crucé la línea de meta. Persistí. Defendí la integridad de mi padre.

Y, aunque me estaba volviendo loco, seguía diciéndome que había una lección que tenía que aprender allí, que había un lado bueno en todo aquello, que tenía que atravesar el infierno para llegar al otro lado, y lo hice. No podemos apreciar del todo la luz sin las sombras. Algo tiene que *sacarnos* de nuestro equilibrio para que encontremos nuestro punto de apoyo. Es mejor saltar que caer. Y aquí estoy.

LUZ VERDE.

P. D.: Rhys, el otro hijo de los Dooley, también estaba en el programa de intercambio y vino a vivir a casa con mis padres mientras yo estaba en la suya. ¿Y cómo se lo pasó?

Mis padres lo llevaron a la NASA, a Six Flags y a Florida durante el verano, donde montaba fiestas todos los fines de semana. Claramente aprovechándose de su acento, tuvo varias citas con una exnovia mía en mi pickup, y me dijeron que su semilla agarró en las partes íntimas de dos chicas americanas extasiadas. El mueble de los licores se vació. Fue la mejor época de su puta vida.

el monstruo

El futuro *es* el monstruo

no el coco bajo la cama.

El pasado es solo algo que tratamos de dejar atrás mañana.

El monstruo *es* el futuro.

Lo desconocido.

Los límites que aún no hemos cruzado.

El desafío que todavía no hemos conocido.

El potencial al que aún no hemos llegado.

El dragón que aún no dominamos.

En una trayectoria de colisión de un solo sentido sin dar media vuelta,

el futuro, el monstruo,

siempre nos está esperando y

siempre nos ve venir.

Así que deberíamos levantar las cabezas,

mirarlo a los ojos

y ver cómo presta atención.

De nuevo en Texas, tenía diecinueve años, un año en Australia bajo el brazo y *edad para beber*. De camino a casa después de comprar comida para perro y servilletas en Walmart una noche, papá y yo nos detuvimos en una sala de billar iluminada por neones en un centro comercial en el lado suroeste de Houston.

Nos tomamos unas cervezas, conocí a algunos de sus nuevos amigos, en general me limité a mis «sí» y «no, señor», pero tenía la seguridad y la experiencia suficientes para meter baza en algunos de sus relatos. Un par de horas más tarde pagamos la cuenta en el bar y nos pusimos en marcha para irnos. Al salir por la puerta de entrada, mi padre detrás de mí, el portero de grandes bíceps que estaba fuera se puso delante de mi padre y le dijo:

—¿Ha pagado la cuenta?

Sin dejar de caminar, papá dijo:

—Claro que lo he hecho, amigo.

Y continuó caminando. Entonces el hombre de la puerta hizo algo que en mi imaginación aún hoy puedo ver a cámara lenta. En un intento de aminorar el paso de mi padre, *le puso la mano en el pecho*. La mano de otro hombre encima de *mi* padre. Antes de que papá pudiese castigar a aquel aspirante a culturista con sus propias manos, lo hice yo con las mías.

Lo siguiente que recuerdo es estar encima de ese portero, que entonces estaba abierto de piernas sobre una mesa 4,5 metros atrás, *dentro* del bar. Lo golpeé con fuerza con los puños hasta que los abucheos borrachos de una buena pelea de bar se convirtieron en susurros. La pelea había terminado. Ya había terminado mucho antes, pero no para mí. Entonces noté cómo me apartaban del hombre y me contenían. Continué dando puntapiés y escupiendo al portero en el suelo hasta que escuché una voz fuerte y tranquilizadora en el oído:

—Es suficiente, hijo, es suficiente.

Esa noche fue *mi* rito de iniciación. Papá me dejó entrar. Me convertí en *su chico, un hombre* a sus ojos. La noche en que nos hicimos amigos. La noche en que llamó a todos los amigos que me conocían y dijo: «Al pequeño le va a ir todo bien, chicos, deberíais haberlo visto derribando a ese tío anoche en el bar, lo tumbó... Tenemos que vigilarlo, eso sí, tiene un pronto muy furioso, está un poco loco».

A partir de esa noche pude ir al bar con él, mi hermano Mike y todos los hombres a quienes había llamado «señor» durante toda mi vida. Era una iniciación primitiva a ojos de mi padre, pero finalmente, en lugar de solo *escuchar* cosas sobre las historias de la noche anterior al día siguiente, podría *formar parte* de ellas.

LUZ VERDE.

A veces encontramos nuestra frecuencia aferrándonos a una conclusión moral en medio del caos.

A veces la encontramos rompiendo las normas y saltándonos el semáforo para llegar a casa.

> **“Estilo es saber quién eres, lo que quieres decir y que todo te importe un comino.”**
>
> **Gore Vidal** (1925-2012)

8-5-1989

¿No es esa la puñetera verdad? Para tener estilo debes tener las tres cosas, en ese orden. Tienes que saber quién eres antes de saber lo que quieres decir y que entonces todo te importe un comino. Pero saber quién eres es la base de la que surge todo. Ahora tengo más estilo que nunca pero aún estoy incorporando cosas a mi estilo. Sabes quién eres cuando te vuelves lo suficientemente independiente para creerte tus propios pensamientos y hacerte responsable de tus actos y no solo «crees» lo que quieres sino que te gusta lo que crees. VIVE DE ACUERDO CON TUS CREENCIAS... «VIVE LAS PREGUNTAS PRIMERO, LUEGO TENDRÁS LO QUE CREES (ligeros cambios)... Y ENTONCES TU PROPIO ESTILO

PERSONAL...»

Ha sido divertido escribir esto.

tercera parte

CAMINOS DE TIERRA Y AUTOPISTAS

JULIO DE 1989

DURANTE MI ESTANCIA EN AUSTRALIA HABÍA empezado a mandar solicitudes para universidades: Duke, Grambling, la Universidad de Texas en Austin y la Metodista del Sur. Quería estudiar Derecho y convertirme en abogado defensor. Ese había sido el plan desde el segundo año de la secundaria. Era un gran polemista y la broma medio en serio en mi casa era que «Matthew va a convertirse en nuestro abogado, defenderá el negocio familiar, procesará a algunos peces gordos, nos dará dinero como el del "Oil of Mink"».

Elegí la Universidad Metodista del Sur (SMU por sus siglas en inglés, Southern Methodist University), sobre todo porque estaba en la ciudad metropolitana de Dallas, y pensé que me ofrecería más oportunidades para hacer prácticas en un bufete de abogados, lo cual me proporcionaría una mayor probabilidad de conseguir un trabajo al graduarme.

Una noche, papá me llamó.

—Hijo, ¿seguro que no prefieres ser un Longhorn?

Mi padre siempre se refería a esta universidad con el nombre de su mascota y tenía un afecto especial por la Universidad de Texas en Austin (UT).

—No, papá, quiero ser un Mustang (la mascota de la SMU), estoy muy seguro de ello.

Refunfuñó.

—¿Te parece bien, papá?

—Oh, claro, hijo, solo he pensado que tal vez querrías considerar la posibilidad de ser un Longhorn, eso es todo.

—No, señor, quiero ser un Mustang.

—De acuerdo, eso está muy bien —dijo, y colgamos.

Una hora después, llamó mi hermano Pat.

—¿Qué pasa? —pregunté.

—¿Estás seguro de que no quieres ser un Texas Longhorn, hermanito?

—Sí, hermano mayor.

—¿Seguro?

—Sí, seguro. ¿Por qué papá y tú no dejáis de preguntármelo?

—Bueno, papá nunca te lo dirá, pero el negocio del petróleo pinta mal. Está arruinado, intentando evitar la bancarrota.

El auge petrolero que nos había llevado de Uvalde a Longview en 1979 se había agotado, y resultó que papá llevaba varios años apurado para pagar las facturas.

—¿En serio?

—Sí, y costará 18.000 dólares al año ir a la Universidad Metodista del Sur porque es privada, pero solo 5.000 al año en la Universidad de Texas porque es pública.

—Oh, mierda, no tenía ni idea.

—Sí, y hermanito, ¿has estado alguna vez en Austin?

—No.

—Te va a encantar, amigo, es tu tipo de ciudad. Puedes ir a cualquier sitio con chanclas, sentarte en un bar y tener un vaquero a tu derecha, una lesbiana a tu izquierda, un indio al otro lado y un enano atendiendo la barra. En esa ciudad solo tienes que ser tú mismo.

Llamé a papá al día siguiente.

—He cambiado de opinión, quiero ser un Longhorn.

—¿Sí? —dijo sin esconder su entusiasmo.

—Sí, señor.

—Oh, joder, amiguito, ¡gran elección! ¿Qué te ha hecho cambiar de idea?

—Me gustan más los Longhorns que los Mustangs.

Por respeto a mi padre asistí a la Universidad de Texas en Austin pero nunca le expliqué por qué. Sabía que cambiar de idea haría feliz a mi padre. Pronto cambiaría de nuevo, pero esta vez no estaba tan seguro de su reacción.

> Cuando sabemos lo que queremos hacer, saber cuándo hacerlo es la parte más difícil.
>
> Consíguelos pronto para no tener que buscarlos tan a menudo.
>
> Prevenir antes de curar, habilitar antes de rehabilitar.

Estaba al final de mi segundo año en la universidad, los exámenes finales eran inminentes y yo no estaba durmiendo bien. No era por el colchón, sino por mi mente. Tenía dudas sobre mis planes de ser abogado. No me salían los números: cuatro años de licenciatura y tendría veintitrés años, y luego tres más en la Facultad de Derecho y tendría veintiséis antes de salir a buscar un trabajo. No empezaría a dejar mi huella en este mundo hasta que tuviera casi treinta años. No quería perder mi segunda década preparándome para el resto de mi vida.

Además, había estado escribiendo historias cortas en mi diario. Le mandé unas cuantas a mi buen amigo Rob Bindler, estudiante de Cine en la Universidad de Nueva York, que atestiguó que eran originales y que merecía la pena compartirlas.

—¿Has pensado en la Escuela de Cine? —preguntó—. Eres un buen narrador de historias.

¿La Escuela de Cine? Sonaba muy halagador, pero también muy ajeno, casi europeo, radical, irresponsable, indulgente…, muy *artistoide*. Ni siquiera podía encajar la idea en el dialecto de mis sueños, mucho menos considerarla como una aspiración racional. ¡Nah!, no era para mí.

Unas horas antes del examen final de Psicología me presenté en mi fraternidad, cogí la comida y crucé el callejón trasero hacia el cuarto de unos compañeros de Delta para terminar de estudiar. Ambos estaban durmiendo en las literas porque se habían pasado toda la noche empollando. Me senté en su sofá y abrí el libro de texto. Era un estudiante diligente. Aprovechaba cualquier segundo libre que tuviera para prepararme para una prueba y me sentía muy orgulloso de saberme sereno y preparado para cualquier examen. Sacaba muchos sobresalientes.

Pero aquel día, por alguna razón, con el examen a solo unas horas, me dije: «Lo tienes, McConaughey», metí el libro de texto y mis notas de nuevo en la mochila y encendí la tele: ESPN. Me encantan los deportes. Vería incluso el concurso del Hombre Más Fuerte del Mundo si eso fuera lo único que pusieran. Ese día era un partido de béisbol. Aún mejor. Pero cinco minutos después, por alguna razón, apagué el televisor. No me interesaba.

Miré por toda la habitación. En el suelo, a la izquierda, había una pila de revistas. *Playboy*, *Hustler*. A ver, adoro a las mujeres y me encanta ver mujeres desnudas, pero, por alguna razón, ese día no. No me interesaba. Cuando volví a meter unas siete revistas en las profundidades de la pila me topé con un pequeño libro en rústica. Decía así:

El mejor vendedor
del mundo

«¿Quién es ese?», me pregunté mientras lo cogía de la pila y empezaba a leer.

Dos horas y media después llegué al primer «pergamino» del libro. El texto acababa de revelar que el título se refería al lector, a *mí*, en este caso, y ahora las instrucciones eran leer cada pergamino tres veces al día durante treinta días antes de pasar al siguiente. Miré el reloj. Mi examen empezaba dentro de veinte minutos.

Saqué a mi amigo de la litera.

—¿Puedes dejarme este libro, Braedon? —le pregunté.

—No, tío, puedes quedártelo.

Me marché, con el libro en la mano, y llegué al examen a tiempo.

Estaba entusiasmado. Había algo en aquella obra, el título, la historia hasta entonces, el misterio de los diez pergaminos, que me resultaba especial, como si *el libro* me hubiese encontrado a *mí*.

Me apresuré a terminar el examen. No me importaba la clase de Psicología y qué nota había sacado; solo me importaba leer aquel primer pergamino. De algún modo supe que algo más trascendental que un examen residía en las páginas de aquel libro.

PERGAMINO 1

«Forjaré buenos hábitos
y me convertiré en su esclavo.»

Se me ocurrió que era un mal hábito mentirme durante más tiempo. Ser abogado no era para mí. Yo quería contar historias. Me paseé por mi cuarto intentando evaluar el mejor momento para llamar a mi padre y explicarle que había cambiado de opinión y que ya no quería ir a la Facultad de Derecho, sino a la Escuela de Cine. A las 19.30, pensé, habría terminado de cenar y estaría relajado en el sofá con su primer cóctel, viendo la televisión con mamá. Sí, las 19.30 era la hora apropiada para llamar.

Mi padre nos enseñó a trabajar bien y a ascender en la escalera de la empresa de nueve a cinco. Me habían preparado para ser el abogado de la familia. Éramos una familia trabajadora. ¿La Escuela de Cine? Oh, mierda.

Respirando hondo, sudando, hice la llamada a las 19.36.

Respondió papá.

—Eh, papá —dije.

—Eh, amiguito, ¿qué tal? —preguntó.

Respiré hondo de nuevo.

—Bueno, quiero compartir algo contigo.

—¿Qué pasa?

Oh, mierda.

—Bueno, no quiero seguir en la Facultad de Derecho, quiero ir a la Escuela de Cine.

Silencio. Uno. Dos. Tres. Cuatro. Cinco segundos.

Luego oí una voz. Una voz amable e inquisitiva.

—¿Es eso lo que quieres hacer? —preguntó.

—Sí, papá.

Silencio. Otros cinco segundos.

—Bueno... **No lo dejes a medias**.

De todas las cosas que mi padre podría haber dicho, de todas las reacciones que podría haber tenido, «No lo dejes a medias» eran las últimas palabras que esperaba oír y las mejores que podría haberme dicho. Con aquella frase no solo me daba su bendición y su consentimiento, sino también su aprobación y su validación. Era lo que dijo y *cómo* lo dijo. No solo me ofreció el privilegio; me dio el honor, la libertad y la responsabilidad. Con un combustible para cohetes tremendo en su forma de hablar, aquel día hicimos un pacto. Gracias, papá.

LUZ VERDE.

biología y movimiento

ADN y trabajo.

Genética y fuerza de voluntad.

La vida es una combinación.

Algunos tienen los genes pero nunca la ética laboral o la resiliencia.

Otros trabajan duro pero nunca tuvieron la capacidad innata.

Otros tienen ambas cosas y nunca confían en la primera.

No tenía ningún corto ni ninguna obra de arte para hacer una prueba en la Escuela de Cine, pero tenía una nota media de 3,82. Esa calificación no solo me hizo ingresar en la Escuela de Cine, sino que pude entrar en el Programa de Honores.

Pero ahora estaba en un nuevo camino en el que, al contrario que en el Derecho, mi nota media no importaba. Sabía que a Hollywood y a los artistas no les importaba si sacaba excelentes o muy deficientes; necesitaban *ver* algo que mereciera su atención. Yo tenía que *hacer* algo (una película, una actuación). Necesitaba un trabajo.

Firmé con la agencial local Donna Adams Talent Agency y entre clases empecé a hacer prácticas en una agencia de publicidad cuatro días a la semana. Llevaba un busca en la cadera y me saltaba clases sin dudarlo para acudir a San Antonio o a Dallas para hacer una prueba para un videoclip o un anuncio de cervezas. Recibí un montón de «no, gracias».

Mi primer trabajo fue como modelo de manos. Donna Adams me había dicho al firmar que tenía «unas manos bonitas», y que si «dejaba de morderme las uñas» podría tener futuro como modelo de manos. Tenía razón. No volví a morderme las uñas.

La buena apariencia no lo es todo, pero te abre puertas, y yo estaba decidido a aprovechar todas las puertas que se me abriesen. Dirigí cortometrajes en blanco y negro con cámaras Bolex de dieciséis milímetros, monté, fui ayudante de dirección en las películas de otros compañeros de clase, fui director de fotografía, escribí y actué. Falté a muchas clases para ir a San Antonio y a Dallas.

Un día, el decano me llamó a su despacho.

—Matthew, la asistencia es obligatoria en nuestras clases, especialmente en el Programa de Honores. No puedes seguir saltándote clases o marchándote a mitad de una clase como has estado haciendo hasta ahora. Si sigues haciéndolo, tendré que suspenderte.

—Decano —le dije, mirándolo directamente a los ojos—, usted y yo sabemos que una licenciatura en Producción Cinematográfica no significa una mierda para los jefes de los estudios de Hollywood y Nueva York. No significa nada para la gente que hace películas. Quieren ver un producto. Una película, una actuación, algo. La única razón por la que me estoy saltando las clases es para salir al mundo e intentar hacer algo que esa gente quiera comprar. Estoy buscando actividades fuera de clase que las clases me están enseñando a buscar —entonces tuve una idea, y la solté—: Si prometo llegar a clase todos los días de exámenes, ¿me pondrá suficientes en todas las materias?

No respondió.

Sin embargo, yo me aferré a mi propósito. Continué saltándome clases para responder al busca y me aseguré de presentarme lo más preparado posible los días de examen.

Al final del semestre obtuve un suficiente en todas las clases en mi expediente académico, pero aprendí mucho más que cuando sacaba excelentes.

LUZ VERDE.

ACEPTARÉ UN POCO DE SENTIDO COMÚN CON ESE CONOCIMIENTO.

De todas formas, yo era un marginado en clase. El único chico de fraternidad en la Escuela de Cine: botas, camisas con botones, metidas por dentro, bronceado, afable, no neurótico.

La mayoría de la gente vestía de negro. Eran pálidos, góticos, y se juntaban en sus rincones privados.

Uno de nuestros profesores nos hacía ir a ver películas todos los fines de semana para comentarlas el lunes en clase. Yo siempre iba al Metroplex a ver un éxito de taquilla y luego llegaba el lunes y decía: «Eh, vi *La jungla de cristal* este fin de semana y…». «Nah, eso es una mierda, tío, una mierda, es malísima», me respondían mis compañeros antes de que pudiese terminar la frase. Todos habían ido a ver alguna reposición de Eisenstein.

Empecé a dudar de mí. «Eso es lo que tienes que hacer para ser un artista, McConaughey. Tienes que ir a ver películas de arte y ensayo a un cine independiente, no éxitos de taquilla en el Metroplex. No eres lo suficientemente independiente, tienes que ser más excéntrico, menos amigable.» Empecé a dejarme la camisa por fuera.

Pero seguía yendo a ver éxitos de taquilla. El lunes siguiente me puse delante de la clase para hablar de lo que había visto y, de nuevo, el resto de los estudiantes empezaron a murmurar:

—Eso es *mierda* de gran estudio, tío… Éxitos de taquilla de la América corporativa.

Esta vez dije:

—Espera. Decidme por qué es una *mierda*. Por qué es malísima. Qué fue lo que no os gustó de ella.

Se quedaron todos callados, sus cabezas mirándose unas a otras. Finalmente, uno de ellos dijo:

—Bueno…, en realidad no la hemos *visto*. Simplemente *sabemos* que es una mierda.

—Que os jodan a todos —dije—. ¡Que os jodan por decir que algo es una mierda solo porque es popular hacerlo!

Después de aquel día me sentí cómodo estando en una fraternidad a la vez que en la Escuela de Cine.

Volví a meterme la camisa por dentro.

Fascinado por las diferencias entre personas y culturas, siempre había disfrutado buscando y encontrando el denominador común de valores que conforman la base bajo nuestras diferencias. Cuando mis compañeros de universidad y yo salíamos por Sixth Street por la noche, ellos iban a los bares populares, repletos de opciones para ligar con chicas de las hermandades, y yo iba a Catfish Station, un bar sudoroso para negros que vendía bagre, cerveza y blues. Solo había localidades de pie cuando Kyle Turner actuó con su saxo o cuando la banda Blue Mist, cuyos componentes eran ciegos, subió al escenario. Yo encontré mi sitio a la izquierda del escenario, junto a la nevera de la cerveza. Me apoyaba contra ella, me servía y dejaba que el aire frío evitara que me cayeran

TRIBUS

Queremos amantes, amigos, reclutas, soldados y afiliaciones que respalden quiénes somos.

La gente, los individuos, creemos en nosotros mismos, queremos sobrevivir y, por lo menos en un nivel darwinista, queremos tener más de nosotros mismos.

Inicialmente, esta es una elección visual.

El dónde, qué, cuándo y quién... de nuestro porqué.

Tras una inspección más de cerca, que es la ruina de la cultura de lo políticamente correcto que impera en la actualidad, aprendemos a medir a la gente evaluando los valores de *ellos* que más valoramos *nosotros*.

Al hacer esto, la política de género, la raza y la jerga difamatoria ceden el lugar a la importancia de los valores que compartimos.

Cuanto más viajamos, más nos damos cuenta de lo parecidas que son las necesidades humanas.

Queremos ser amados, tener una familia, una comunidad, tener algo que anhelar.

Estas necesidades básicas están presentes en todas las civilizaciones socioeconómicas y culturales.

He visto muchas tribus en los desiertos del norte de África que, con nueve hijos y sin electricidad, tenían más alegría, amor, honor y risas que la mayoría de las personas más adineradas que he conocido.

Tenemos la opción de amar, hacernos amigos, reclutar, replegar, asociarnos y apoyar a *las personas* en quienes creemos, y, lo más importante, a quienes pensamos que creen en nosotros.

Creo que esto es lo que todos queremos. Creer en alguien y que crean en nosotros.

Todos debemos ganarnos la credibilidad en nosotros mismos primero, y luego en los demás.

Gánatela contigo, luego gánatela conmigo, y *después* nos la ganaremos para nosotros.

Los viajes y la raza humana han sido mis mejores educadores.

Me han ayudado a entender el denominador común de la humanidad.

Los valores.

Comprométete contigo mismo y luego con el mundo.

Los valores viajan.

Y a veces conseguimos un sello en el pasaporte solo cruzando la calle.

gotas de sudor. Laron era el encargado del local. Tammy era la camarera y estrella del rock negra y guapa que se encargaba de toda la planta y que dejaba que todos los tíos del tugurio pensasen que tenían alguna posibilidad con ella solo para que le diesen más propinas. Ninguno tenía ninguna posibilidad —yo incluido—, pero igualmente le dejábamos algo más de propina. Una noche, a punto de la hora de cierre, mientras pagaba a Laron las seis botellas de cerveza que me había bebido, le dije que quería un trabajo como camarero. Los bolos como modelo de manos eran escasos y necesitaba algo de dinero extra y, además, me gustaba el blues. Laron se rio. Era la única persona blanca, hombre o mujer, que había ido por allí.

—En serio, necesito el dinero y me gusta la música de aquí —dije.

Volvió a reírse, y luego me miró fijamente un momento.

—De acuerdo, loco hijo de puta —dijo, sacando un bolígrafo y escribiendo en un recibo—. Ve a esta dirección el martes por la mañana a las nueve y pregunta por Homer. Él es el propietario. Le haré saber que vas a ir.

Me presenté a la hora fijada. El sitio estaba también en Sixth Street, pero en un club mucho más grande y abierto. El negocio iba bien en el Catfish Station y el tugurio pronto se trasladaría a un local más grande; este. En el centro de la sala había un hombre negro de más de 150 kilos, con un uniforme de conserje todo blanco y goteando sudor en el suelo de cemento, que estaba fregando. Otro hombre negro estaba de pie en la barra, cerca de la entrada, haciendo papeleo.

—Homer —pregunté en voz alta.

El hombre de la barra no se movió. El otro tipo siguió fregando.

—¡Homer Hill! —dije un poco más alto.

El hombre de la barra volvió la cabeza sobre el hombro derecho como si lo hubiesen interrumpido.

—Sí, soy yo.

—Soy Matthew, Laron me dijo que viniese a verlo. Quiero ser camarero en el Catfish Station.

Por encima del hombro, dijo:

—Oh, sí, cierto; coge una fregona y vete con Carl a limpiar el baño de hombres.

Carl se volvió con su mopa y empezó a mover el cubo de agua hacia los baños. Sin darse la vuelta en ningún momento, señaló otra mopa y otro cubo pegados a la pared de atrás.

No era lo que esperaba. Sonreí. Homer no. Así que cogí la mopa, fui al baño de hombres y empecé a fregar el suelo como si estuviese tratando de robarle el puesto a Carl.

Pasaron diez o quince minutos. Con la cabeza inclinada, mientras limpiaba un urinario, oí:

—Tío, deja esa mopa.

Me di la vuelta y allí estaba Homer.

—¿De verdad quieres trabajar sirviendo mesas?

—Sí —dije.

Homer sacudió un poco la cabeza y dejó escapar una risita susurrante.

—De acuerdo, vete al Station el jueves a las seis de la tarde. Puedes seguir a Tammy y aprender lo básico.

El jueves por la tarde me presenté en el Catfish Station a las 17.45. Conocía a Tammy de las muchas noches en las que había sido cliente, pero ahora estaba allí para aprender de ella, y ella no parecía muy contenta. Tammy era la abeja reina —se encargaba de toda la planta— y ahora yo estaba invadiendo su territorio y sus propinas. Durante las tres noches siguientes Tammy me formó: dónde fichar al entrar, cómo manejar la caja registradora, cómo encargar los pedidos a los cocineros, qué propina darles al final de la noche, qué mesas pronto serían mías, y qué clientes que daban propinas altas no debía ni siquiera mirar.

El jueves siguiente empecé a servir mesas de verdad. Comenzaba el juego. La clientela eran un noventa por ciento varones negros y un diez por ciento mujeres negras que iban con esos hombres negros. El ochenta por ciento de aquellos hombres negros estaban solteros y, por mucho que les gustase el blues, venían al Station por Tammy. No se alegraban de que les sirviese un joven blanco, y así lo hacían saber con sus propinas. Al final de la primera noche obtuve 32 dólares; Tammy consiguió 98.

Trabajé sirviendo mesas en el Catfish Station de jueves a sábado los dos años siguientes. Muchos de aquellos hombres negros se convirtieron en amigos e incluso terminaron *escogiendo* mi sección. Muchos, no la mayoría. Tammy y yo nos hicimos bastante íntimos pero, igual que a

cualquier otro hombre heterosexual del Station, nunca me dejó darle ni un beso en la mejilla, y yo nunca dejé de intentarlo. Tampoco la superé nunca con las propinas.

Homer y yo hemos mantenido la relación a lo largo de los años. Fuimos juntos a un partido de los Longhorn la temporada pasada.

LUZ VERDE.

No estamos aquí para tolerar nuestras diferencias,
estamos aquí para aceptarlas.
No estamos aquí para celebrar nuestras semejanzas,
estamos aquí para aplaudir nuestras distinciones.
No nacemos en las mismas circunstancias,
o con las mismas habilidades,
pero deberíamos tener las mismas oportunidades.
Como individuos,
nos unimos en nuestros valores.
Celebrémoslo.

Tenía algo de dinero en el bolsillo de mi trabajo en el Catfish Station, pero no tanto como para no apreciar una bebida gratis. Recogí a mi novia, Tonia, y la llevé al bar de la última planta del Hyatt, donde mi compañero de clase Sam trabajaba como barman; de ahí las bebidas gratis.

—Dos vodkas con tónica, Sam.

Los trajo y dijo:

—Hay un tipo al final de la barra que está produciendo una película en la ciudad. Ha estado viniendo aquí todas las noches. Deja que te lo presente.

Y aquí es cuando conozco al incomparable Don Phillips.

Le di la bienvenida a Austin. Ambos practicábamos el golf y habíamos jugado en los mismos campos. También bebía vodkas con tónica. Muchos.

Unas horas más tarde, mientras Don estaba de pie encima de una silla en medio de una de sus legendarias y ruidosas historias ficticias, la dirección trataba, en vano, de calmarlo. Cuando se evidenció que Don no tenía *ninguna* intención de bajar el volumen, intentaron echarlo del bar.

Yo, que llevaba las mismas copas que Don, tampoco tenía ningún interés en que se calmase, de modo que fuimos escoltados fuera del Hyatt de una forma nada apacible. Eran ya más de las dos de la madrugada y, cuando se subió conmigo a un taxi que iba a dejarme en mi apartamento, saqué un canuto y nos lo fumamos.

—¿Has trabajado alguna vez como actor, Matthew? —me preguntó.

Le dije que había aparecido en un anuncio de Miller Lite durante un segundo y medio y que había hecho un videoclip para Trisha Yearwood.

—Bueno, hay un papel pequeño en la película que estoy produciendo en el que podrías encajar. Ven a esta dirección mañana a las nueve y media y recoge el guion; tendré las tres escenas señaladas.

El taxi me dejó en mi apartamento y Don y yo nos dimos las buenas noches.

La mañana siguiente a las 09.30 (que realmente era aquella misma mañana, solo seis horas más tarde) llegué al lugar que Don me había indicado y allí me esperaba un guion con mi nombre y una nota escrita a mano por Don que decía: «Este es el guion, el nombre del personaje es "Wooderson", me pondré en contacto contigo para una prueba dentro de dos semanas».

Con los años he terminado llamando al tipo de línea de guion que puede lanzarte al vuelo «plataforma de lanzamiento». Este guion era para *Movida del 76*. La línea que me lanzó al vuelo fue esta:

> «Eso es lo que me gusta de las chicas de instituto, tío. Yo me hago mayor y ellas siempre tienen la misma edad».

Wooderson tenía veintidós años, pero todavía frecuentaba el instituto. Aquella frase abría un mundo entero respecto a quién era, una enciclopedia de su mente y su espíritu. Pensé en mi hermano Pat cuando estaba en su último año y yo tenía once años. Era mi hermano mayor, mi héroe. Un día, el Z28 de Pat estaba en el taller y mamá y yo fuimos a recogerlo al instituto.

Atravesamos lentamente el campus en nuestra ranchera con paneles de madera del 77, mamá conduciendo, yo observando por la ventana en el asiento trasero. Pat no estaba en el lugar donde habíamos quedado.

—¿Dónde está? —preguntó mamá.

Volviendo la cabeza a izquierda y a derecha y luego de nuevo hacia la ventana trasera, lo divisé unos cien metros detrás de nosotros, apoyado en la pared de ladrillo a la sombra de la sección de fumadores de la escuela, una rodilla doblada, la suela de la bota contra la pared del edificio, fumando un Marlboro, más chulo que James Dean y sesenta centímetros más alto.

—¡Está a…! —empecé a gritar, pero me mordí la lengua porque me di cuenta de que se metería en problemas por fumar.

—¿Qué? —preguntó mamá.

—Nada, mamá, nada.

Aquella imagen de mi hermano mayor, apoyado en *aquella* pared, fumando con indiferencia *aquel* cigarrillo, con la muñeca suelta, los dedos relajados, en la mirada romántica del hermano pequeño de once años, era el paradigma de ser *cool*. Medía literalmente tres metros. Dejó una gran impresión en mi corazón y en mi mente.

Y once años más tarde, Wooderson nacía de *aquella* impresión.

cool

ser *cool* es una ley natural.

si era *cool* para ESA época,

entonces es *cool* para TODAS las épocas.

una moda pasajera es solo una rama del tronco de lo *cool*,

una aventura novedosa cuyos 15 minutos nunca puede tolerar,

no importa por cuánto tiempo lo intente.

lo *cool* resiste el paso del tiempo.

porque lo *cool* nunca trata de ser algo.

lo *cool* simplemente es.

Tenía diez días para prepararme para la audición y conocía a *mi hombre*. Pero, al ser aquello técnicamente una entrevista de trabajo, tenía que ir afeitado y con mi mejor camisa de manga larga abotonada y metida por dentro. Cuando llegué y conocí al director, Richard Linklater, enseguida dijo:

—Tú realmente no eres este tipo, ¿verdad?

—No —le dije—, pero sé quién es.

Luego me incliné hacia atrás, bajé los párpados, sostuve el cigarrillo entre los dedos a modo de signo de la paz y le ofrecí mi Wooderson.

Conseguí el trabajo.

Me dijo que no me afeitara.

La producción ya estaba en pleno auge. Enseguida me llamaron al set para hacer una prueba de «maquillaje y vestuario», lo cual significaba que pasaría por maquillaje y peluquería en la caravana ubicada en el set de rodaje para los actores que ya estaban trabajando, y luego entraría en mi guardarropa seleccionado, y finalmente Rick se pasaría durante un descanso del rodaje para dar su aprobación o hacer comentarios sobre mi apariencia general.

Estaban filmando en la autohamburguesería Top Notch aquella noche. Recuerdo salir de la caravana de maquillaje, con el vestuario completo, hacia la acera de Burnet Road en el norte de Austin, a unos treinta metros del set. Rick vino hacia mí. Al acercarse empezó a sonreír ampliamente mientras me contemplaba. Extendió los brazos con las palmas abiertas mientras me miraba de arriba abajo.

—Pantalones melocotón..., la camiseta de Ted Nugent..., el peinado cruzado..., el bigote... ¿Eso que tienes en el antebrazo es un tatuaje de una pantera negra?

—Sí, tío, ¿qué opinas?

—Me gusta. Es genial, así es Wooderson.

Ahora recuerda que yo no había ido allí para actuar aquella noche. Wooderson no aparecía en ninguna de las escenas que se estaban rodando. Solo estaba allí para que Rick aprobase mi pelo, mi maquillaje y mi vestuario.

Y entonces Rick tuvo una idea y empezamos a hacer algo que aún hacemos en la actualidad, que es jugar a un juego de «ping-pong verbal».

—Sé que Wooderson probablemente ha estado con las típicas chicas de instituto «buenorras» —dijo—; animadoras, *majorettes*, chicas de ese tipo, pero ¿crees que tendría algún interés en la pelirroja intelectual?

—Claro, tío, a Wooderson le gustan todo tipo de chicas.

—Sí, ¿verdad?... ¿Sabes?, Marissa Ribisi interpreta a Cynthia, la intelectual pelirroja, y está en la autohamburguesería con sus amigas empollonas en el asiento trasero. ¿Crees que Wooderson iría y trataría de conquistarla?

—Dame treinta minutos.

Me fui a dar un paseo solo.

«¿Quién es mi hombre? —me pregunté—. ¿Qué pasará esta noche en esa escena? Es el último día de clase, todo el mundo espera la fiesta. Sabré un poco de español.»

Lo siguiente que recuerdo es estar en mi coche (bueno, en el coche de Wooderson) en el set de rodaje, con el micrófono puesto.

—Cuando diga «Acción», simplemente te paras al lado de su coche como lo haría Wooderson e intentas conquistarla —indicó Rick.

—Guay, lo tengo.

No había guion y era mi primera vez en un set de rodaje. Nunca había hecho aquello antes. Nervioso, empecé a darle vueltas en mi cabeza a la idea de *quién era* ese tipo.

«¿Quién es mi hombre? ¿Quién es Wooderson? ¿Qué me gusta?»

«Me encanta mi coche.»

Bueno, estoy en mi Chevelle del 70. Eso ya es una cosa.

«Me encanta colocarme.»

Bueno, Slater es mi copiloto y siempre tiene un canuto liado. Ya son dos cosas.

«Me encanta el *rock'n'roll*.» Bueno, tengo «Stranglehold» de Ted Nugent en el cartucho de ocho pistas. Eso son tres cosas.

Y entonces oí: «¡Acción!».

Miré hacia el otro lado del aparcamiento, donde estaba «Cynthia», la intelectual pelirroja, y me dije: «Y me encantan las chicas».

Bueno,

bueno,

bueno

Esas tres palabras, esas tres afirmaciones de *lo que* yo, Wooderson, *tenía*, fueron las tres primeras palabras que dije en una película. Una película en la que mi personaje solo tenía tres escenas en el guion. Una película en la que terminé trabajando durante tres semanas.

Ahora, veintiocho años después, esas palabras me siguen a todas partes. La gente las dice. La gente las roba. La gente las luce en sombreros y camisetas. La gente se las tatúa en los brazos y en la parte interna de los muslos. Y me encanta. Es un honor. Porque esas tres palabras

son las primeras que dije la primera noche de un trabajo que tuve y que pensé que no sería más que una afición pero terminó convirtiéndose en una carrera.

LUZ VERDE.

deunoenuno

Todos los éxitos se consiguen de uno en uno.

Haz una cosa bien, luego otra.

Una vez, luego una vez más.

Una y otra vez hasta el final,

y entonces de uno en uno de nuevo.

A los cinco días de rodaje recibí una llamada de mi madre alrededor de las siete de la tarde. Yo estaba en la cocina.

—Tu padre ha muerto.

Mis rodillas cedieron. No podría creerlo. Mi padre era el abominable hombre de las nieves, la fuerza inamovible, una fiera de hombre, con el sistema inmune de un vikingo y la fuerza de un toro. Imposible. Era mi padre. Nadie ni nada podía matarlo.

Excepto mamá.

Él siempre nos decía a mí y a mis hermanos: «Chicos, cuando me vaya, me iré haciendo el amor con vuestra madre».

Y eso fue lo que pasó.

Cuando se levantó juguetón aquella mañana, a las 6.30, hizo el amor con la mujer de la que se había divorciado dos veces y con la que se había casado otras tres. Su mujer, *Kay*, mi madre.

Tuvo un infarto cuando llegó al orgasmo.

Sí, calculó bien su golpe.

Días de Prosperidad

Los días de
prosperidad nos
hacen olvidar la
adversidad.

Los buenos tiempos
parecen inalcanzables
durante los malos
tiempos.

Ambos pueden parecer
destinos finales,

el resumen de
nuestros días.

Entonces el bromista
del destino juega con
nuestros caminos,

la condición de ayer
no permanece,

todo comas, sin
puntos, todo paradas,
sin estancias,

el placer se arrenda
y también el dolor.

Conduje hasta casa, en Houston, aquella misma noche. Celebramos un velatorio irlandés dos días después en el que cientos de amigos se reunieron y contaron historias sobre él, justo como nos había indicado que hiciésemos cuando hablaba de su muerte.

Perder a mi padre, como para muchas personas, fue mi rito de paso a la edad adulta más trascendental. Ya no había red de seguridad. Ya no había nadie por encima de la Ley y el Gobierno cuidándome. Era hora de que madurase. Hora de decir adiós al chico que había sido, que construía casas en los árboles en plena noche.

Fui consciente de algo. Grabé en un árbol las siguientes palabras:

menos impresionado,

más involucrado.

lo suficientemente hombre

lo suficientemente hombre

lo suficientemente hombre
para admitir que tengo miedo

lo suficientemente hombre
para saberlo

simplemente lo
suficientemente hombre

lo suficientemente hombre
para madurar

lo suficientemente hombre
para ser un hombre

lo suficientemente hombre
para ser yo

simplemente lo
suficientemente hombre

lo suficientemente hombre
para sentir amor

lo suficientemente hombre
para conocer el amor

lo suficientemente hombre
para amar

simplemente lo
suficientemente hombre

lo suficientemente hombre
para querer estar allí

lo suficientemente hombre
para estar de camino

lo suficientemente hombre
para estar en un atasco de
tráfico y saber que necesito
un viaje por carretera

simplemente lo
suficientemente hombre

lo suficientemente hombre
para estar borracho y sobrio

lo suficientemente hombre
para estar sobrio y borracho

lo suficientemente hombre
para salir del trance y
entrar en el sueño

simplemente lo
suficientemente hombre

lo suficientemente hombre
para guiar

lo suficientemente hombre
para ir detrás

lo suficientemente hombre
para acostarme al lado de
alguien

lo suficientemente hombre
para dormir solo

simplemente lo
suficientemente hombre

lo suficientemente hombre
para morir por la vida

lo suficientemente hombre
para vivir por la muerte

simplemente lo
suficientemente hombre

lo suficientemente hombre
para tener héroes

lo suficientemente hombre
para ser mi propio héroe

simplemente lo
suficientemente hombre

lo suficientemente hombre
para no saber

lo suficientemente hombre
para descubrir

simplemente lo
suficientemente hombre

lo suficientemente hombre
para disculparme

lo suficientemente hombre
para comprender

simplemente lo
suficientemente hombre

Cuanto antes nos convirtamos en personas *menos impresionadas* con nuestra vida, nuestros logros, nuestra carrera, nuestras relaciones, las perspectivas que tenemos delante —cuanto antes estemos menos deslumbrados y *más involucrados* con estas cosas—, antes seremos mejores en ellas. Debemos estar algo más que simplemente felices de estar aquí.

Todas las cosas mortales que había *venerado* en mi vida, todo lo que había *admirado* con asombro, de repente *cayó* al *nivel de la vista* frente a mí. Todas las cosas mortales que había despreciado y subestimado en mi vida de pronto se *elevaron* al nivel de la vista.

El mundo era plano y estaba mirándolo a los ojos.

Era el momento de cambiar *cualquier* coche deportivo rojo que aún tuviera.

Era el momento de dejar de soñar y empezar a enfrentarme a las cosas.

Era el momento de cuidar de mamá.

Era el momento de cuidar de mí mismo.

Era el momento de desintoxicarme de los caprichos de la niñez.

Era el momento de tener valor de verdad.

Era el momento de convertirme en un hombre.

Aunque el equipo de producción me dijo que me tomase todo el tiempo que necesitase, mi familia insistió en que volviese a Austin para terminar el trabajo que había empezado. Cuatro días después del velatorio conduje de vuelta y llegué al set de rodaje aquella noche.

Estaban filmando una de las escenas finales de la película, en el campo de fútbol americano. De nuevo, no tenía texto en aquella escena, pero Linklater quería que participase. Paseando por el estadio al anochecer antes de que empezase el rodaje nocturno, Rick y yo hablábamos de la vida, la pérdida y *el sentido de todo*.

—Creo que se trata de vivir, tío —dije—. Aunque mi padre ya no esté físicamente, su espíritu seguirá vivo en mí mientras yo lo mantenga vivo. Aún puedo hablar con él, esforzarme por vivir como él me enseñó y mantenerlo vivo para siempre.

Inmortalicé esa idea aquella misma noche en una escena en la que Randall *Pink* Floyd está dudando sobre si firmar o no el compromiso «sin drogas» para permanecer en el equipo de fútbol americano.

2 de agosto de 1992*

«Tienes que hacer lo que Randall *Pink* Floyd quiere hacer, tío,

y déjame decirte algo:

cuanto más viejo te hagas,

más reglas van a intentar que sigas,

solo tienes que seguir viviendo tío, v-i-v-i-e-n-d-o.»

simplemente sigue viviendo... en minúsculas, porque la vida no es el nombre propio de nadie, y sin «g» al final de *livin* («viviendo») porque la vida es un verbo.

j.k. livin

(simplemente sigue viviendo)

Las tres semanas en que interpreté a Wooderson en *Movida del 76* fueron difíciles por mi pérdida, pero agraciadas por todo lo que gané. El año anterior mi padre me había dado su aprobación para hacer lo que quería hacer, pero nunca pudo *verme* hacerlo. No obstante, sí vivió para verme empezar lo que sí terminaría, una afición que se convertiría en una carrera. Sentí que había cierta casualidad en el hecho de que el final de la vida de mi padre se había solapado con un nuevo comienzo en la mía, en la pantalla y fuera de ella.

Las tres semanas de experiencia práctica en el set de *Movida del 76* hicieron de mí un director mucho más competente cuando regresé a la Escuela de Cine para mi último año aquel otoño. Dirigí un documental

* La última foto que tenemos de mi padre. Está en Navarre Beach (Florida), el lugar donde soñaba con construir su chiringuito de ostras si alguna vez tenía «un golpe de suerte» y se jubilaba.

sobre la cultura Lowrider chicana en el sur llamado *Chicano Chariots* del que estaba muy orgulloso. El mismo año, actué en lo que pude y protagonicé un episodio de *Misterios sin resolver* y otro videoclip. Estaba listo para graduarme y pasar del «lo haría si pudiera» al «puedo y lo haré».

> Si no eres titular y crees que deberías serlo, no les des la posibilidad de tomar la decisión, juega tan bien que sea indiscutible.

Mi plan era conducir hasta Hollywood el día después de mi graduación y dormir en el sofá de Don Phillips hasta que consiguiese un trabajo pagado como actor o en producción cinematográfica. La directora de producción de *Movida del 76*, Alma Kuttruf, me había apuntado para trabajar como ayudante de producción en el rodaje de la próxima película de los hermanos Coen, *El gran salto*, con el inicio del rodaje previsto al cabo de pocos meses.

Pero antes me contrataron para un curro de un día en una producción cinematográfica local en Austin: *La matanza de Texas: La nueva generación*. El papel era el de «Romeo para la Julieta de Renée Zellweger», un motero con cuero negro y gafas de sol que pasa misteriosamente por delante de su escuela al principio de la película y vuelve a aparecer al final, después de haber sobrevivido a una noche infernal, para recogerla y conducir hacia el atardecer. Creo que no tenía ni una línea de texto.

Un par de días antes del rodaje del sábado me reuní con el director, Kim Henkel, que me preguntó si conocía a algún actor que pudiese encajar en el papel protagonista de Vilmer, el asesino con una pierna mecánica que conduce una grúa. Le di los nombres de dos actores que conocía de la agencia de Donna Adams.

Con un remolque de la empresa de mudanzas U-Haul lleno hasta el techo, y enganchado a la parte trasera de mi Dodge de cuatro cilindros a la que había llamado «Surf Longview», me dirigí a la pequeña casa que era la oficina de producción para recoger las dos escenas que iba a rodar aquel fin de semana. El lunes sería hora de *dirigirse al oeste, joven*, y perseguir mis sueños en Hollywood.

Con las dos escenas en la mano salí de la casa y subí por el pequeño sendero asfaltado que cruzaba el patio de césped alto de St. Augustine hasta el bordillo donde había aparcado. Mientras abría la puerta del conductor y entraba en la cabina se me ocurrió una idea: «¿Por qué no hago la prueba para el papel de Vilmer?».

Salí de nuevo del coche, cerré la puerta, caminé dando zancadas de nuevo hasta la oficina y entré sin llamar.

—Eh, Matthew, ¿te has olvidado algo? —preguntó Kim.

—De hecho, sí. Quiero hacer una prueba para ese papel de Vilmer.

Claramente sorprendido, Kim dijo:

—Bien, de acuerdo, es una gran idea, ¿cuándo quieres hacer la prueba?

—Ahora mismo —dije sin pensar.

—Bueno, ahora no tenemos actrices aquí, solo estamos tú, yo y Michelle —manifestó.

Miré a Michelle, la secretaria, que estaba detrás de su mesa.

—Yo lo haré —afirmó Michelle.

—¿Te importa si intento asustarte mucho? —pregunté.

—No, no hay problema, ¡inténtalo! —dijo con valentía.

Fui a la cocina y cogí una cuchara de metal de gran tamaño, volví sigilosamente a la sala *como* Vilmer y, con una cojera de pierna mecánica, aparté bruscamente la mesa de Michelle de mi camino, la inmovilicé en la esquina y procedí a hacerla gritar de miedo.

—El papel es tuyo si lo quieres —propuso Kim.

—Sí, ha sido genial, daba *mucho* miedo —coincidió Michelle.

Probé suerte y conseguí el papel. El rodaje duraría cuatro semanas.

Con todo lo que tenía ya embalado en el remolque y el alquiler del apartamento en el que había estado viviendo vencido, llamé a un colega que tenía un sofá libre. Mi viaje al oeste tendría que esperar un mes más porque había logrado mi segundo papel en una película. Iba a interpretar a Vilmer, un conductor de grúas asesino con una pierna mecánica y sin el mando a distancia para controlarla.

el genio está en la chispa

La gente se pregunta cómo triunfar en la vida.

Primero, con la habilidad innata
y mucho trabajo duro.

Sí.

Pero no te olvides de **la chispa.**

El asterisco indefinido e intangible.

Algunos la llaman energía.

Otros la llaman magia.

El genio está en la magia.

La magia está en la chispa.

Cuatro semanas y cuatro mil dólares más tarde, mi «Surf Longview», con un remolque cargado hasta arriba, cojo la autopista I-10 para un trayecto de veinticuatro horas hasta Hollywood.

Con la adrenalina bombeando por llegar, llevaba un poco más de veinte horas seguidas conduciendo cuando llegué a Indio (California).

Entonces vi un letrero que indicaba la salida a SUNSET DR. ¿Era Drive? ¿Lane? ¿Boulevard? «¿Qué más da? Tiene que ser la salida del legendario y único Sunset Boulevard.» Eran las 20.00.

«Maldita sea, voy bien de tiempo», pensé mientras pisaba el acelerador.

Ya en Austin había planeado reproducir el CD que estaba ahora en el asiento del acompañante, «L. A. Woman» de los Doors, coincidiendo con mi entrada inaugural en Hollywood. Lo puse y subí el volumen; el teclado de Ray Manzarek y la línea de bajo de Jerry Scheff empezaron a prepararme el escenario. Subí aún más el volumen, la banda sonora de mi inigualable introducción a Hollywood, California, bombeando en los altavoces y en las venas.

Bueno, Sunset Drive *no* es Sunset Boulevard. De hecho, el Sunset Drive de la I-10 Oeste está a unos 260 kilómetros de Sunset Boulevard siguiendo la misma autopista. Sin saberlo en ese momento, escuché la canción «L. A. Woman» veintidós veces seguidas pensando que las luces de Hollywood estarían justo detrás de la siguiente colina.

A las 22.36 llegué a la casa de Don Phillips en la playa, en Malibú. Toqué el timbre. Nada. Lo toqué de nuevo.

—Sí, sí, sí, ¡¿quién es?! —dijo finalmente Don desde el otro lado de la puerta.

—¡Soy yo, McConaughey! —grité.

—Oh, sí, McConaughey, ¿puedes volver un poco más tarde? Tengo compañía femenina.

Exhausto por el trayecto de veinticuatro horas y el agotamiento por la anticipación prematura de Sunset Boulevard, grité:

—Joder, no, no puedo volver más tarde, te dije que iba a llegar esta noche. ¡He venido conduciendo desde Austin!

Don abrió la puerta, en pelotas y con una erección.

—Sí, tienes razón —dijo—. Dame veinte minutos.

Y me cerró la puerta en las narices.

Bienvenido a Hollywood.

LUZ VERDE.

En casa de Don tenía una buena vida y el sofá era cómodo. Cada noche nos cocinaba un *filet mignon*, seguido de una bola de helado Häagen-Dazs de vainilla con mermelada de fresa encima que siempre anunciaba, con su mejor acento francés, como el «*pièce de resistance*» («el no va más»). Y siempre había una botella sin empezar de vodka Stolichnaya enfriándose en la nevera. No obstante, yo necesitaba un trabajo.

Me notificaron que la producción de *El gran salto* de los Coen se había trasladado a una fecha no identificada de aquel año, de modo que el trabajo de ayudante de producción en el que confiaba se había volatilizado. Empezaba a ponerme nervioso, estaba listo para trabajar, pescar un agente, leer un guion, hacer una prueba para cualquier cosa y, si tenía que hacerlo, conseguir otro trabajo como ayudante de producción. Nada de eso estaba sucediendo y Don era el único tipo que conocía en la ciudad.

Una noche, comiendo un solomillo, dije casualmente:

—Eh, Don, ¿crees que podrías conseguirme una reunión con un agente, tío? Solo me quedan unos cuantos dólares y *necesito* un trabajo.

HOLLYWOOD.

Quiérela, no la necesites.

Hazlo y tendrás una oportunidad; no lo hagas y no la tendrás.

Siempre en alquiler, nunca de propiedad, la que todos anhelamos, la siempre desconocida.

El inalcanzable búfalo blanco que desafía la divinidad con cada cita bajo la luz de la luna.

¿Ella existe siquiera?

La respuesta es lo que necesitamos, la pregunta es lo que queremos.

Querámosla, no la necesitemos,

y puede que ella se rinda.

Don gritó:

—¡Cierra esa maldita boca ahora mismo! Esta ciudad huele a *necesitados*; escúchame, estás acabado antes de empezar siquiera. *Necesitas* relajarte. ¡*Necesitas* irte de aquí! ¡Vete de la ciudad, vete a Europa, donde sea! ¡Y no vuelvas hasta que estés listo para no *necesitarlo*! ¡Entonces hablaremos de una reunión con una agencia, ¿me oyes?!

Lo decía en serio, yo sabía que lo decía en serio, y sabía a qué se refería. No tuvo que decírmelo dos veces.

Cole Hauser, Rory Cochrane y yo nos hicimos amigos en *Movida del 76*, y con mi nuevo tiempo libre recientemente adquirido nos reunimos y decidimos que nos iríamos un mes a Europa, alquilaríamos unas motos y haríamos un viaje por carretera. Cogimos las mochilas y algo de dinero en efectivo, compramos billetes de ida y vuelta a Ámsterdam y cruzamos el charco.

Después de aterrizar, alquilamos un coche y nos dirigimos al sur, donde encontramos una tienda de motos de gama alta en Rosenheim (Alemania). Con camisetas sin mangas y vaqueros sucios, compartimos nuestros planes de viajar en moto por Europa con Johan, el dueño de la tienda.

—Vamos a encontraros las mejores motos para vuestra aventura —dijo.

Cole escogió un verdadero toro de moto, una Kawasaki 1000. Rory, una Ducati Monster M900, y yo, una BMW 450 Enduro.* Todas nuevas, sin estrenar. Perfecto. Johan hizo cálculos: más de doce mil dólares.

—No tenemos el dinero para alquilarlas durante un mes —dije.

—Bueno, ¿cuánto tenéis? —preguntó.

—Lo suficiente para alquilarlas tres días —respondió Rory.

Johan respiró hondo y nos miró detenidamente. Su mujer de axilas peludas estaba de pie al fondo, y no estaba contenta con su respiración *ni* con su mirada.

—Cuando era un joven de vuestra edad recorrí Europa en moto

* Resulta que la Enduro 450 no es adecuada para viajar por las autopistas europeas. Si tu moto alcanza solo 170 km/h, te van a desviar de la carretera los camiones articulados con varias ruedas y los sedanes V12 que van con velocidad de crucero de 180 km/h.

con mis amigos. Abrí esta tienda para que gente como vosotros pudiese explorar el continente como yo lo hice. *Necesitáis* llevaros estas motos. Necesitáis *conducir* estas motos —dijo Johan con seguridad.

—Pero no tenemos suficiente dinero, solo podemos ofrecerte cuatrocientos dólares por cada una.

—No te fíes de ellos —dijo su esposa velluda—. Puede que nunca te las devuelvan si lo haces.

—Sí, las devolveremos. Puedes quedarte nuestros billetes de clase turista de vuelta a América como garantía si quieres —manifesté.

La mujer sabía adónde se dirigía aquella transacción y no le gustaba. Sacudió la cabeza violentamente en señal de negación.

—Cuatrocientos por moto son mil doscientos en total. Pagadme eso e id a divertiros durante un mes con esas motos —dijo—. No quiero vuestros billetes como garantía. Marchaos, explorad, vivid una aventura y contadme vuestras historias cuando regreséis.

No podíamos creernos la suerte que habíamos tenido. Nos sonreímos mientras Johan nos daba un amistoso abrazo de oso a cada uno, diciéndonos: «¡Divertíos mucho!». Empezamos a sacar nuestras motocicletas nuevas de la sala de exposición.

—No tan deprisa —interrumpió la velluda—. Yo me quedaré esos billetes de avión.

Se los dimos y salimos de aquel aparcamiento, dejando al orgulloso y sereno Johan en el retrovisor, su mujer regañándolo al oído mientras él observaba cómo nos alejábamos.

Cruzamos Alemania, Austria, los Alpes suizos, Italia. Era un esplendor geográfico, y vaya forma de contemplarlo. Cuando llevábamos unos once días de viaje nos acercábamos a la ciudad costera de Sestri Levante (Italia) cuando Rory se cayó de la Ducati a 120 km/h al coger la salida de la autopista. Milagrosamente, salió de aquello con solo cortes menores, magulladuras, una noche en el hospital y unos pantalones de cuero rotos. Pero la Ducati Monster M900 recién estrenada estaba destrozada.

Rory llamó a Johan al día siguiente para darle las malas noticias.

—He tenido un accidente con la Ducati, Johan. He destrozado la moto.

—Espera, Rory, ¿has tenido un accidente? —preguntó Johan—. ¿Estás bien?

—Sí, estoy bien, pero la moto está destrozada. Lo siento, tío.

—No me importa la moto si tú estás bien.

—Estoy bien —respondió Rory.

—Bien, ¿dónde está la moto?

—En un campo, justo en la salida 74 a Sestri Levante.

—Vale, os voy a mandar un camión con conductor. Debería estar allí mañana por la tarde para recoger la moto destrozada. Reúnete con él allí. Me alegro de que estés bien.

Al día siguiente, sobre las 15.00, los tres esperábamos en el campo junto a la moto aplastada cuando apareció un enorme camión de carga. Lo conducía Johan. Nos saludó amigablemente, observó la Ducati destrozada y luego abrió la parte trasera del camión.

Mientras Rory, Cole y yo nos movíamos para cargar la moto en el camión, Johan descargó algo de él. *Otra* Ducati Monster M900 a estrenar.

—Me alegro de que estés bien —aseguró—. Continúa conduciendo.

Y así lo hicimos.

Miles de kilómetros y tres semanas después, volvimos a la tienda de Johan en Rosenheim con nuestras motos, que ya no eran nuevas, pero ninguna de ellas estaba destrozada.

Johan nos recibió en el aparcamiento con abrazos de oso.

—Entrad a tomar un café y contadme vuestras aventuras —nos dijo con una sonrisa.

—Ha sido épico —dije—. Hemos corrido por las autopistas, bebido de los ríos austríacos, atravesado los Alpes suizos, cenado en el escondite de Mussolini y hemos estado de juerga en Rimini hasta el amanecer.

—Gracias, Johan, es el mejor viaje que hemos hecho —indicó Cole.

Después de un par de horas de contarle nuestras historias, teníamos que recoger el coche de alquiler para conducir hasta Ámsterdam y volar a casa al día siguiente. La mujer de Johan nos devolvió los billetes de mala gana.

Johan de Rosenheim. Qué tío más legal.

No había pensado en buscar un agente o un trabajo en todo el mes. Me dirigí de nuevo a Malibú con unos amigos para toda la vida y un buen puñado de grandes historias que contar.

LUZ VERDE.

caminos de tierra y autopistas

El camino menos transitado puede que no sea un camino de tierra; para algunos puede ser una autopista.

Robert Frost tenía razón: tomar el camino menos transitado puede ser determinante.

Pero ese camino no es necesariamente la carretera con menos tráfico.

Puede ser el camino que nosotros, personalmente, hayamos transitado menos.

El introvertido podría necesitar salir de casa, implicarse con el mundo, revelarse.

El extrovertido podría necesitar quedarse en casa y leer un libro.

A veces necesitamos *salir*,

a veces necesitamos *entrar*.

Unos días nuestro camino menos transitado es un sendero de tierra solitario.

Otros es el metro de la línea 7.

cuarta parte

EL ARTE
DE CORRER
CUESTA ABAJO

ENERO DE 1994

A DON LE ENCANTÓ QUE HUBIESE hecho un viaje en moto por Europa con «¡sus chicos!». Los tres, seleccionados por *él* para *Movida del 76*. Volvía a dormir en su sofá, pero no dije ni una palabra sobre reunirme con un agente. Ni siquiera pensaba en ello. No *necesitaba* hacerlo.

Una noche, mientras tomaba otra bola de Häagen-Dazs de vainilla con un poco de mermelada de fresa, Don dijo:

—Estás listo. Te he conseguido una reunión mañana por la mañana con Brian Swardstrom y Beth Holden en la única agencia que ha aceptado vernos, la William Morris Talent Agency. Diles que también quieres dirigir, así parecerás aún menos *necesitado*; van a salivar.

Mi currículum consistía en mi interpretación como Wooderson en *Movida del 76*, que se había estrenado en un número limitado de cines unos meses antes, y *La matanza de Texas: La nueva generación*, que aún no se había estrenado.

Con botas, vaqueros y una camisa de botones metida por dentro, les estreché las manos y me senté para mi siguiente entrevista de trabajo. Actué como si los quisiera, no como si los necesitara. Swardstrom picó y Holden picó. Firmé con Beth y William Morris al día siguiente.

Este suele ser el momento de la historia en que el protagonista, el joven aspirante a actor que se ha mudado al oeste, se arrastra y acumula cientos de «casi lo consigo» en las pruebas, tiene que ponerse a trabajar sirviendo mesas y le piden que le chupe la polla a alguien para conseguir un pequeño papel.

Bueno, pues esa no es mi historia.

Una semana después de firmar con William Morris conseguí mi primera audición en Hollywood con el director de casting Hank McCann para el papel del muy honesto marido de Drew Barrymore, «Abe Lincoln», en la película *Solo ellas... Los chicos a un lado*. Les gustó lo suficiente mi prueba para programar otra con el director, Herb Ross, seis semanas más tarde. Una semana después de *esa* primera audición me llamaron para otra, esta vez para una película de Disney titulada *Ángeles*. El papel era el de un «típico jugador de béisbol americano llamado Ben Williams». Me puse una gorra de béisbol con la bandera americana y una camiseta blanca para *esa* entrevista de trabajo. El plató de Warner Bros., bungaló número 22, al nivel del aparcamiento. Abrí la puerta para entrar, iluminado desde atrás por el sol de la tarde.

—¡Hala! ¡Míralo! ¡El típico chico americano! —retumbó una voz procedente de un sofá frente a la puerta de entrada.

Me detuve en la puerta y bajé la mirada hacia el hombre con los ojos entornados que se dirigía a mí.

—Sí, señor —dije.

—¿Has jugado al béisbol alguna vez? —preguntó.

—Durante doce años, desde los seis hasta los dieciocho.

—Genial, el trabajo es tuyo, ¡empezamos a rodar dentro de dos semanas!

Iban a darme 48.500 dólares por jugar al béisbol durante seis semanas en Oakland. *¿Me estás tomando el pelo?* Y lo necesitaba: solo tenía 1.200 dólares a mi nombre en aquel momento.

Llamé a mi hermano Pat para contarle la noticia.

—De puta madre, hermanito. Se acerca la Super Bowl, vamos a Las Vegas y celebrémoslo. ¡Pago yo!

LUZ VERDE.

Me gustan las apuestas. Sobre todo conmigo mismo, pero de vez en cuando también apuesto en deportes, y concretamente en la Liga Nacional de Fútbol Americano. Nunca juego lo bastante para cambiar mi estilo de vida, ganar o perder, sino solo lo suficiente para *comprar una entrada para el partido*; o sea, lo suficiente para hacer que quiera verlo detenidamente y que me importe, lo bastante para *entusiasmarme*. Para mí pueden ser cincuenta dólares. Nunca he recurrido a una empresa de asesoramiento sobre apuestas deportivas («electores» expertos) porque, ¿dónde está la diversión en eso? Si pierdo, intento averiguar dónde me equivoqué al leer el enfrentamiento, pero al final me gusta elegir a mis propios ganadores, porque cuando gano puedo decir que lo *saaabía*.

Cuando gano, era muy fácil, una elección muy clara, pan comido. Soy vidente, Nostradamus, un mago, y todo porque lo *saaabía*. Eso es lo que me gusta de apostar, y le doy mucho más crédito a los «lo *saaabía*» que a los «¿qué cojones ha pasado?». Apuesto por el valor del entretenimiento, por el disfrute que obtengo cuando lo *saaabía*.

A la hora de apostar, disfruto especialmente contemplando las cuestiones intangibles. Los «apuesto por San Francisco contra Baltimore porque estos tendrán *jet lag* por el largo vuelo al oeste». Los «elijo a Brett Favre y los Packers el lunes por la noche porque su padre murió el martes pasado» o los «apuesto por cualquier equipo que tenga una estrella que acabe de ser padre por primera vez porque ahora juegan por algo más que ellos mismos». Los «apuesto contra los Philadelphia Eagles porque están jugando el primer partido en su nuevo estadio y tienen allí a Sylvester Stallone, también conocido como Rocky Balboa, para celebrarlo, porque ya hay demasiada celebración por motivos extradeportivos». Cuando gano estas apuestas basándome en corazonadas y pistas que ni son científicas ni han sido consideradas por los corredores de apuestas de Las Vegas, pienso que tengo una posición ventajosa, el 5.0 de las apuestas, un arte maquiavélico, y todo porque lo *saaabía*.

Volé a Las Vegas con Southwest Airlines para el gran partido, el segundo año consecutivo en que los Dallas Cowboys y los Buffalo Bills se encontrarían en la Super Bowl. Un agente, un trabajo de 48.500 dólares en la mano, un fin de semana de *blackjack*, alcohol y fútbol americano con mi hermano Pat. Todo iba viento en popa.

Los Dallas Cowboys eran una fuerza motriz aquella temporada: Troy Aikman, Emmitt Smith, Charles Haley, Michael Irvin. Habían machacado a los Bills en la anterior Super Bowl y partían como favoritos por 10,5 puntos en esta. La línea de dinero se estaba extendiendo aún más a favor de Dallas, que ya estaba a 12,5 puntos.

La noche del sábado antes del domingo de la Super Bowl, Pat y yo dominamos la mesa de *blackjack* durante once horas seguidas y salimos del casino bien entrado el amanecer. Yo había ganado casi dos mil dólares y Pat más de cuatro mil; mucho dinero para nosotros en aquel momento.

Nos despertamos el domingo alrededor del mediodía y empezamos a hacer estrategias sobre por quién íbamos a apostar y por qué.

—Creo que +10,5 eran demasiados puntos para empezar y ya están a +13 en el Aladdin —dije—. A la segunda va la vencida, vamos, Bills.

—Mierda, creo que incluso podrían ganar por sorpresa la línea de dinero (victoria directa) de los Cowboys —aseguró Pat—. Vamos a apoyar a los Bills y a machacarlos en todos los sentidos.

Una hora antes del inicio, encontramos un casino que tenía a los Buffalo a unos astronómicos +14,5 puntos e hicimos nuestras apuestas. Juntamos nuestro dinero, seis mil dólares en total, y apostamos por los Bills de todas las formas imaginables.

4.000 dólares para cubrir la diferencia de 14,5 puntos.
1.000 dólares para ganar 3.200 $ en la línea de dinero de los Bills.
250 dólares a 8 a 1 a que Thurman Thomas correría más yardas que Emmitt Smith.
250 dólares a 12 a 1 a que Andre Reed tendría más yardas por recepción que Michael Irvin.
250 dólares a 6 a 1 a que Jim Kelly tendría más yardas de pase que Troy Aikman.
100 dólares a 18 a 1 a que Bruce Smith es el MVP (el jugador más valioso del partido).
100 dólares a 4 a 1 a que Dallas tiene más de 1,5 pérdidas de la posesión del balón.

Apostamos cada centavo que teníamos excepto cien dólares, que reservamos para cervezas.

En la media parte los Bills iban ganando 13-6. Bailábamos, cantábamos y comprábamos dobles.

—¡Hostia! Vamos a volar en primera clase de vuelta a casa. Somos genios. ¡Y teníamos una diferencia de 14,5 puntos! Lo *saaabíamos*.

Pero sabéis lo que pasó, ¿verdad? Dallas anotó veinticuatro puntos incontestables en la segunda mitad y no solo ganó el partido, sino que superaron la diferencia de 14,5 puntos por 31-13.

Emmitt Smith superó a Thurman Thomas en yardas corridas.
Michael Irvin tuvo más yardas por recepción que Andre Reed.
Jim Kelly no tuvo más yardas de pase que Troy Aikman.
Bruce Smith no fue el MVP, y Dallas perdió la posesión solo una vez.

Perdimos todas las apuestas que habíamos hecho. Todas.

Con las cabezas colgando, nuestro entusiasmo convertido en fatiga, salimos del casino y paramos un taxi para que nos llevase de vuelta al hotel con los veinte dólares que nos quedaban. Un Bonneville del 86 de color amarillo gastado con el parachoques trasero izquierdo rozando el pavimento se detuvo.

—Holiday Inn —dijimos al entrar.

El conductor era un tipo viejo y desgreñado que no se había afeitado en tres meses ni duchado en tres días. Poniendo atención de forma evidente en nuestro lenguaje corporal derrotado, se acercó a su espejo retrovisor y lo inclinó para vernos mejor mientras se alejaba del bordillo.

Pat y yo mirábamos por las ventanas completamente en silencio, aturdidos, preguntándonos qué caray acababa de pasar, cuando una voz omnisciente resonó por todo el taxi.

—¡Habéis apostado por los Bills, ¿verdad?! Yo os habría dicho que era una apuesta estúpida. Yo *saaabía* que los Cowboys iban a aplastarlos, ¡putos perdedores!

Pat clavó su mirada más amenazante en el tipo a través del retrovisor, y entonces explotó.

—¡¿Ah, sí, hijo de puta?! Si *saaabías* que los Cowboys iban a cubrir la apuesta, ¡¿entonces qué COJONES haces conduciendo un taxi?!

A todo el mundo le gusta estar en el ajo. Incluso cuando perdemos dos y ganamos uno, creemos en el *uno* más que en los dos. Pensamos que *el* ganador que elegimos fue producto de nuestra naturaleza más auténtica, fue cuando conocimos nuestro potencial y leímos el futuro; cuando fuimos dioses. Las dos pérdidas, sin embargo, fueron anormalidades, desajustes, fallos técnicos en nuestras mentes maestras, aunque las matemáticas claramente los convierten en mayoría. Después del partido todo el mundo *saaabía* quién iba a ganar. Todo el mundo miente. Nadie *saaabe* quién va a ganar o a cubrir la apuesta, no hay *nada seguro*, por eso se llama *apuesta*. Hay una razón por la que Las Vegas y Reno continúan creciendo. *Saaaben* que a los que apostamos nos encanta creer que lo sabemos. Eso *es* un seguro.

LA MAYORÍA DE LAS VECES NO LO HAN ROBADO, ESTÁ JUSTO DONDE LO DEJASTE.

Después de un mes rodando *Ángeles*, el estudio tras el proyecto de *Solo ellas... Los chicos a un lado* me convocó para que volase a Hollywood para mi segunda audición frente al director Herbert Ross. Había estado ensayando el papel todas las noches después de jugar al béisbol y estaba seguro de que tenía una idea formada sobre *mi hombre*. A Herbert le gustó mi prueba y me ofrecieron el papel.

Mi primera audición en Hollywood me había llevado a una segunda prueba que me ofreció mi cuarta oportunidad en un gran drama cinematográfico protagonizado por Drew Barrymore, Mary-Louise Parker y Whoopi Goldberg. También me proporcionó un importante cheque de 150.000 dólares.

Cuando terminé de jugar al béisbol en Oakland me dirigí a Tucson (Arizona), donde rodaríamos *Solo ellas... Los chicos a un lado*. En lugar de hospedarme en el hotel donde se alojaban casi todos los actores alquilé una pintoresca casa de huéspedes de adobe en el límite del Saguaro National Park, a las afueras de la ciudad. Rescaté a una cachorra negra mezcla de labrador y *chow chow* de la perrera local y la llamé *Ms. Hud*, por el personaje de Paul Newman en una de mis películas favoritas. La casa venía con una sirvienta. Nunca había tenido una.

Un viernes por la noche, después del trabajo, mi amiga Beth vino a casa a cenar y tomar unas copas. Como un niño la mañana de Navidad, le estaba contando todas las cosas que me entusiasmaban de mis nuevos aposentos: la arquitectura de barro cocido, el parque nacional en mi patio, el hecho de que incluyese a una sirvienta. Especialmente la sirvienta.

—Limpia *después* de que me vaya al trabajo, me *lava* la ropa, *friega* los platos, me pone agua fresca *al lado de la cama*, me deja la comida *preparada*, ¡e incluso *me plancha los vaqueros*! —le dije a Beth, agarrando mis Levi's para enseñarle la almidonada línea blanca bien marcada en las piernas.

Beth sonrió ante mi entusiasmo, y luego dijo algo que nunca había pensado en preguntarme, y desde entonces no he olvidado hacerlo.

—Eso es genial, Matthew, *si quieres tener los vaqueros planchados*.

Nunca había tenido los vaqueros planchados hasta entonces.

Nunca había tenido a nadie que me planchase los vaqueros.

Nunca había pensado en preguntarme *si* quería los vaqueros planchados porque por primera vez en mi vida *podía* tenerlos planchados.

La opción opulenta nunca antes ofrecida era ahora una realidad: *por supuesto* que quería tener los vaqueros planchados.

¿Lo quería?

No, en realidad no.

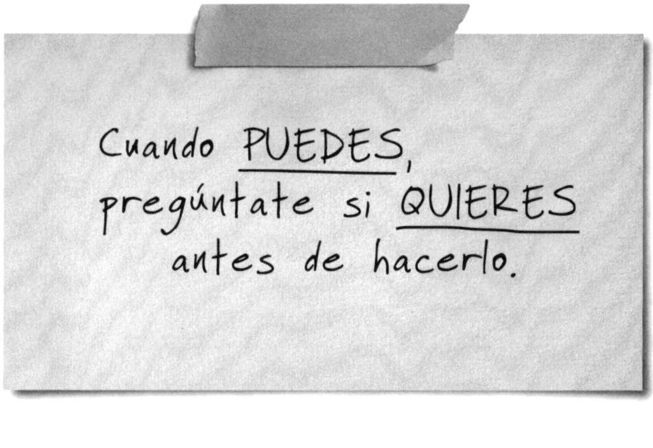

Después de *Solo ellas… Los chicos a un lado* volví a Malibú, ahora con mi propio apartamento en la playa. Empecé a asistir a clases de interpretación por primera vez porque pensaba que ya era hora de empezar a *aprender* el arte en el que prácticamente me había dejado caer. En el pasado siempre había seguido mi instinto y me había ido bien. Ahora estaba de nuevo en la escuela, formándome en *cómo* leer un guion, *qué* buscar, cómo *prepararme* para un papel, cómo *estudiar*. Como ser, pensaba yo, un actor *profesional*.

Mientras tanto, no había conseguido un trabajo desde que terminé *Solo ellas… Los chicos a un lado*, seis meses atrás. No había trabajado desde que había empezado a asistir a aquellas clases de interpretación. Había tenido muchas audiciones, y unas cuantas segundas pruebas, pero no parecía capaz de conseguir un trabajo. Me pregunté por qué. Me di cuenta de que estaba más nervioso y no asumía tantos riesgos en las audiciones como solía hacer. Estaba tenso. Estaba serio. Era literal. Era cerebral. El nuevo ejercicio intelectual había hecho que me interpusiera en mi propio camino.

***el* INTELECTO**

Se supone que no debe exceder lo evidente hasta el punto de ocultarlo o hacerlo *más* confuso.

Se supone que debe exponer la verdad *más* claramente y revelar *más* sobre lo obvio desde *más puntos de vista*.

Debería simplificar las cosas, no hacerlas *más* cerebrales.

Finalmente, recibí una oferta a ciegas para un papel menor en una pequeña película independiente llamada *Camino sin retorno*. Solo iba a aparecer en una escena. Me ofrecieron diez de los grandes y lo acepté. Sin prueba, rodaje en dos semanas. Eso era todo lo que sabía.

Decidí que aquello era todo lo que *quería* saber. Me llegó el guion y no leí ni una sola página, ni una palabra, ni siquiera la escena en la que aparecía. ¿Por qué? Porque tuve una idea brillante.

Para lubricar mi energía creativa y despojarme de toda la tensión teórica con la que había cargado desde aquella última película y aquellas clases, decidí que iba a *volver atrás* para actuar como en mis inicios, cuando interpreté a aquel tipo llamado David Wooderson; cuando leer una sola línea del guion me desveló completamente al personaje.

Fue fácil para mí improvisar en todas aquellas escenas fuera de guion en *Movida del 76* porque estaba seguro de que sabía quién era mi hombre, y me sentía cómodo simplemente *diciendo y haciendo* lo que Wooderson diría o haría en cualquier escena que el director me ofreciese. Cuando todo era instinto, natural.

«Bueno, esto es lo que echaba de menos —me dije—. Ya he tenido bastante de estudios académicos, de mente cerrada y de memorizar; es hora de volver a mis raíces.»

En *Camino sin retorno*, *mi hombre* era un «narcotraficante estadounidense en el sur de Texas que se asocia con los coyotes mexicanos que trafican con su droga para volver a meterla en Estados Unidos», que luego «incumple el trato, no paga por las drogas de contrabando y, en cambio, mata a los contrabandistas y se lleva la cocaína gratis».

Era todo lo que necesitaba saber. Solo tenía que *ser* ese hombre, *manejar* la situación tal como él lo haría, improvisar, hacer lo que *mi hombre* haría. Fácil.

Dos semanas después, estaba en el lugar del rodaje, en mi caravana.

Conozco a mi hombre. Le he creado una historia de fondo de narcotraficante de nivel medio-alto que trabaja para el cártel en el lado americano, en Texas. Necesito la cocaína *y* el dinero y llevo una pistola cargada, y estoy dispuesto a matar para salir vivo de ambas cosas. Incluso me parezco a mi papel: sin afeitar, el pelo grasiento, botas negras, chaqueta de cuero. ¿Quién necesita un guion? Sé quién soy. Pulsé grabar. Lo tengo.

Hora de ir al set. Hora de filmar la escena. No hay problema.

Llego ya metido en el papel. No hablo con nadie. No me presento a los otros actores de la escena porque *a mi hombre no le importan y mi hombre va a matarlos en esta escena de todas formas. Solo quiero cocaína gratis.*

Justo antes de que nos pongamos en nuestros puestos se me acerca un ayudante de producción:

—¿Separatas,* señor McConaughey?

Las cojo y me las meto en el bolsillo sin mirarlas. Todos los actores se posicionan en sus puestos y se preparan para la «acción». Allá vamos.

Bueno, supongo que perdí un poco mi valentía porque decidí que sería una buena idea, justo en *ese* momento, antes de que la cámara empezase a filmar, echar un vistazo rápido a la escena y al diálogo. ¿Mi pensamiento en ese momento? «Si está bien escrito, recordaré inmediatamente las líneas escritas porque, obviamente, eso es lo que mi hombre diría, y si no está bien escrito, entonces simplemente seré mi hombre y haré y diré lo que él haría y diría, de todas formas.»

Despliego las separatas y les echo un vistazo.

Una página.

Dos páginas.

Tres páginas.

Cuatro páginas...

De un monólogo...

En español.

Mierda. Noté cómo se me formaban gotas de sudor en la nuca. El corazón me empezó a latir muy rápido. «Qué voy a hacer?» La boca se me secó. Intenté mantener la calma. Y luego miré hacia arriba a un tipo en particular y dije en voz alta:

—¿Me dais doce minutos, por favor?

Mi estúpido pensamiento fue que doce minutos serían: 1) suficientes para memorizar todo el texto en español, porque «Eh, hice clases

* Las separatas son una versión en miniatura de la escena guionizada del día.

de español un semestre en el undécimo curso», y 2) no suficientes para incomodar al equipo.

Di un paseo corto con las separatas. Una caminata de doce minutos, para ser exactos. Y luego volví al set, me puse de nuevo las separatas en el bolsillo y me fui a mi sitio. El director dijo «¡Acción!» y rodamos la escena.

Nunca he visto *Camino sin retorno*.

Pero aquel día aprendí una buena lección.

Tenemos que **prepararnos** para tener libertad.

Tenemos que **hacer los deberes** para luego poder hacer el trabajo.

Tenemos que prepararnos para el trabajo de modo que podamos ser **libres** para hacerlo.

Conocer a mi hombre no significa saber español.

> Debemos aprender las consecuencias
> de la negligencia;
> no es solo lo que hacemos, también
> es importante lo que no hacemos.
> Somos culpables por omisión.

Unos meses más tarde, habiendo dejado las clases pero con la lección aprendida, estaba de nuevo en el set de Warner Bros., en el despacho del director Joel Schumacher, para hablar sobre un posible papel en su próxima película, *Tiempo de matar*, basada en la novela de John Grisham.

La irresponsabilidad de la idea precipitada de no prepararme completamente para mi último papel había tenido su efecto. Estaba avergonzado, la vergüenza me había cabreado, y aquella ira me hizo más atrevido.

Joel y yo íbamos a reunirnos para discutir el papel de «Freddie Lee Cobb», un joven jefe del Ku Klux Klan en una pequeña localidad de Mississippi. Esta vez *había* leído el guion, incluso había leído el libro. «Freddie Lee Cobb» era un papel sólido y estimulante, pero no era el que yo quería. No, el *hombre* al que yo quería era el protagonista, «Jake Brigance», un joven abogado que defiende al hombre negro por el asesinato de los hombres que violaron a su hija. Me presenté aquel día en el despacho de Joel con un plan.

Con una camiseta sin mangas de John Mellencamp y fumando un Marlboro distraídamente, me senté frente a él, al otro lado de su escritorio.

—Creo que serías un gran Freddie Lee Cobb, Matthew —dijo.

—Sí, yo también lo creo, señor Schumacher. Entiendo de dónde vino y por qué es quien es, pero... ¿quién interpreta el papel principal de Jake Brigance?

Joel hizo una pausa y ladeó un poco la cabeza.

—No lo sé —dijo—. ¿Quién crees *tú* que debería hacerlo?

Me recliné en la silla, di una larga calada y, al exhalar el humo, mirándolo a los ojos, le dije:

—Creo que *yo* debería hacerlo.

Joel estalló en carcajadas.

—¡Ahhh! Creo que es una *gran* idea, Matthew, ¡pero eso no va a suceder! El estudio *nunca* pondrá a un actor relativamente desconocido en el papel protagonista.

Apagué el cigarrillo y le sostuve la mirada.

Había llevado a cabo la primera parte del plan.

ay, si...

Significa que querías algo pero no lo conseguiste.

Por alguna razón, ya fuera por tu propia incompetencia o por la intervención del mundo, no sucedió.

A veces simplemente la vida es así y tenemos que retirarnos con dignidad.

Pero más a menudo de lo que queremos admitir, no conseguimos lo que queremos

porque abandonamos pronto o porque no tomamos el riesgo necesario para lograrlo.

Cuantos más cepos pongamos en la parte de atrás de nuestros *ay, si...*, más a menudo conseguiremos lo que queremos.

No camines por la cuerda floja de los *es demasiado tarde, es demasiado pronto* hasta que mueras.

Lo que sucedió a continuación ciertamente no formaba parte de mi plan, pero muchas cosas que estaban fuera de mi control jugaron a mi favor.

Sandra Bullock, que ya formaba parte del elenco de *Tiempo de matar* como «Ellen Roark», había protagonizado hacía poco un film titulado *Mientras dormías*, que se había estrenado recientemente, en un primer fin de semana muy digno, con cerca de diez millones de dólares de recaudación en taquilla. Pero desde que planté la semilla con Joel, *Mientras dormías* había aumentado gradualmente hasta los más de ochenta millones de dólares de ingresos en las taquillas nacionales. Fue un gran éxito y convirtió a Sandra en la nueva «luz verde» de las estrellas de Hollywood, lo cual significaba que los estudios creían que era lo bastante popular para protagonizar una película. Con una actriz que ya aseguraba un caché a la película seleccionada para el tercer papel secundario en *Tiempo de matar*, Warner Bros. ya podía contemplar a un actor menos rentable para el papel principal.

¿Pero significaba aquello que Joel Schumacher empezó a tomarse mi sugerencia en serio? Aparentemente no. Ahora estaban considerando a mi ahora gran amigo y hermano de madre distinta Woody Harrelson para el papel de Jake Brigance.

Sin embargo, la trama dio un giro de nuevo. Resultaba que el autor John Grisham también debía aprobar a la persona seleccionada para el papel de Jake Brigance, porque el personaje estaba basado en él. También resultaba que el 7 de marzo de 1995 un hombre llamado Bill Savage fue asesinado en Mississippi. Los asesinos, un hombre y una mujer jóvenes, dijeron que se habían inspirado en Mickey y Mallory, los personajes a quienes dieron vida Woody Harrelson y Juliette Lewis en *Asesinos natos* de Oliver Stone. Bill Savage era amigo de John Grisham, y *de ninguna manera* el tío que interpretó a Mickey en *esa* película iba a interpretar a Jake Brigance en *esta*.

Estaba previsto que el rodaje empezase dentro de entre seis y ocho semanas en Canton (Mississippi). Todos los papeles estaban cubiertos, excepto el de Jake Brigance.

Un par de semanas más tarde yo estaba en la azotea de un restaurante mexicano en Los Ángeles tomando la margarita de las cuatro de la tarde con mi mánager, Beth Holden, cuando sonó mi teléfono.

—Quiero que vengas para una prueba de pantalla —dijo Joel Schumacher. Ya habían pasado dos meses desde que planté la semilla—. La haremos el próximo domingo en un pequeño estudio privado en Fairfax para que nadie se entere, porque, aunque lo hagas bien, la posibilidad de que el estudio lo apruebe es remota y no quiero que se perciba el *fracaso* en tu currículum en la ciudad. La escena que quiero que hagas será el alegato final de Jake.

Llegó el domingo. Era el Día de la Madre. Llamé a la mía al amanecer.

—No entres como si *quisieras* el papel, Matthew, ¡entra como si ya *fuera tuyo*!

Justo lo que necesitaba oír.

—Gracias, mamá. Feliz Día de la Madre.

hecho para el momento

todos estamos hechos para cada
momento al que nos enfrentamos.

no importa si el momento nos hace o
nosotros hacemos el momento.

si estamos indefensos en él o si lo
dominamos,

si somos el depredador *o* la presa.

estamos hechos para ese momento.

Un coche negro me recogió a las 11.00 para llevarme al estudio en Fairfax. Había una maquilladora, una diseñadora de vestuario, un director de fotografía y un equipo de alrededor de treinta personas. Sobre las 13.00 entré en el plató, que era una sala de un juzgado con doce actores, todos sentados en una tribuna fabricada para el set. Yo estaba nervioso, pero también preparado. Todo el mundo se quedó en silencio y se puso en sus puestos.

—Cuando estés listo, Matthew —dijo Joel.

Recuperé el aliento y empecé a representar el alegato final tal y como estaba escrito en el guion hasta que terminé con la ahora clásica frase «Y ahora imaginen que es blanca».

Estuve bien, pero no genial. Recordé todas las líneas, dije todo lo que se suponía que tenía que decir, me tomé mi tiempo y conté bien la historia. Más que aceptable, pero nada especial.

—Genial, Matthew —dijo Joel—, ahora deshazte del guion y di lo que *tú* dirías.

Y en eso reside la genialidad de Joel Schumacher. Sé tú mismo. Tú eres el personaje. Me encantó *ese* apunte. Lo que *yo* diría y haría. ¿Qué siento *yo* sobre la violación de una chica joven virgen por parte de tres hombres malvados? ¿Qué mataron en su interior aquel día? ¿Cómo me sentiría si fuera *mi* hermana? ¿Y si fuera *mi* hija? Era el Día de la Madre.

Lancé el guion fuera del plató y de mi mente. Empecé a caminar lentamente, mis ojos empezaron a arder, la furia forjándose, empecé a dibujar las terribles escenas en mi mente y luego expresé en voz alta lo que había visto. Aún no era padre, *pero ser padre era la única cosa que siempre supe que quería ser*, y me imaginé que violaban a *mi* hija. Me olvidé de la audición. Me olvidé del tiempo. Dije e hice cosas que nunca diría o haría un abogado en una sala de audiencias. Maldije. Escupí. Pinté imágenes escalofriantes de la inocencia perdida de una niña con palabras violentas que podrían haberme llevado a la cárcel junto a los hombres a quienes estaba condenando. Me mareé. Me puse violento. Sudé.

Lo clavé.

Dos semanas después, trabajando en el set de *Lone Star* en Eagle Pass (Texas) en el desierto, a medianoche, con luna llena, recibí una llamada. Eran Joel Schumacher y John Grisham.

—¿Te gustaría ser Jake Brigance?

—¡Por supuesto que sí!

Salí corriendo en medio de la noche hasta que estuve a más de un kilómetro y medio de nadie. Entonces, con lágrimas en los ojos, me dejé caer de rodillas, miré de frente la luna llena, le extendí la mano derecha y dije: «Gracias».

LUZ VERDE.

Un techo es algo creado por el hombre

3 de enero de 1993. *Playoffs* de la NFL. Houston Oilers contra Buffalo Bills. Los Oilers están por encima 28-3 en el descanso, 35-3 al inicio del tercer tiempo. Frank Reich y los Bills terminan ganando 41-38 en la prórroga en una de las mejores remontadas de la historia de la NFL. Sí, los Bills ganaron, pero realmente no vencieron a los Oilers. Los Oilers perdieron aquel partido, se vencieron a sí mismos.

¿Por qué? Porque en el descanso pusieron un techo, un tejado, un límite a su creencia en sí mismos, también denominado «defensa preventiva». Quizá empezaron a pensar en el siguiente rival en el descanso, jugaron de puntillas, perdieron la ventaja mental durante toda la segunda mitad y, *voilà*, perdieron. En tan solo dos cuartos, Jim Eddy pasó de ser considerado el coordinador defensivo del año en los Oilers y «el primero de la fila para ser entrenador principal el año siguiente» a perder su trabajo en la NFL... e incluso en el fútbol americano universitario la temporada siguiente.

¿Alguna vez te has quedado atascado? Ya sabes a qué me refiero: titubear en la línea de gol, meter la pata al intentar pedir una cita a una chica, que se te congele el cerebro en el examen final para el que estabas completamente preparado, perder un torneo de golf porque la bola rodea el borde del hoyo pero no entra, o quedarte paralizado por la sensación de «Oh, Dios mío, la vida no puede ser mejor, ¿realmente me merezco esto?».

A mí me ha pasado.

¿Y qué sucede cuando tenemos esa sensación? Nos tensamos, nos falta el aire, nos cohibimos. Tenemos una experiencia extracorporal en la que nos observamos en tercera persona, sin estar presentes, *sin* hacer lo que hemos venido a hacer. Nos convertimos en voyeristas de nuestro momento porque dejamos que sea más grande que nosotros y, al hacerlo, nos convertimos en alguien *menos involucrado* en él y *más impresionado* por él.

¿Por qué sucede esto?

Pasa porque cuando mentalmente le otorgamos a una persona, un lugar o un momento en el tiempo más crédito que a nosotros mismos, construimos un techo ficticio, una restricción, por encima de las expectativas que tengamos de nuestra actuación en ese momento. Nos ponemos tensos, nos centramos en el resultado en lugar de en la actividad y nos perdemos la *realización* del acto. Pensamos que o bien el mundo depende del resultado o que es *demasiado bueno para ser verdad*. Pero no es así, y no lo es, y no tenemos derecho a pensar que es así o que lo es.

No te crees limitaciones imaginarias. Un papel protagonista, un primer premio, un resultado ganador, una gran idea, el amor de tu vida, una felicidad eufórica, ¿quiénes somos nosotros para pensar que no merecemos esa suerte cuando la tenemos al alcance de la mano? ¿Quiénes somos para creer que no nos la hemos ganado?

Si nos mantenemos *en marcha*, dentro de nosotros mismos, en *la felicidad de la acción*, nunca nos atascaremos en la línea de meta. ¿Por qué? Porque no estamos pensando en la línea de meta, no estamos mirando el reloj, no nos estamos viendo actuar en el Jumbotrón. Estamos actuando a tiempo real, donde el enfoque *es* el destino, y no hay línea de meta porque nunca terminamos.

Cuando Bo Jackson marcó, corrió más allá de la línea de meta, hasta la zona de anotación, y luego hacia el túnel. Los mejores francotiradores y tiradores del mundo no apuntan *al* objetivo, apuntan al otro lado. Cuando verdaderamente nos aferramos al hecho de que vamos a morir en algún momento del futuro tenemos más presencia en el presente.

Llega más allá del alcance de tu mano, ten líneas de meta inmortales y convierte en verdes tus luces rojas, porque un techo es algo creado por el hombre.

El día del estreno de *Tiempo de matar* caminé hasta mi tienda de comida preparada favorita en Third Street Promenade, en Santa Mónica (California), para comprar un sándwich de atún en pan tostado de masa madre con extra de pepinillos y kétchup aparte.

Fue como cualquier otra vuelta por aquel paseo. Había unas cuatrocientas personas paseando por allí. De ellas, 396 no repararon en mí. Cuatro sí: unas chicas que pensaron que era guapo, y un tipo al que le gustaron mis zapatos.

Aquella noche, *Tiempo de matar* se estrenó en cines de toda América e ingresó quince millones de dólares en su primer fin de semana; un auténtico éxito de taquilla en 1996.

El lunes siguiente volví al Promenade para comprar otro sándwich de atún en pan tostado de masa madre con extra de pepinillos y kétchup aparte.

Pero esta vez *no* fue como cualquier otra vuelta. Había unas cuatrocientas personas paseando. De ellas, 396 me miraron. Cuatro no lo hicieron: tres bebés y un hombre ciego.

Comprobé si estaba abierta mi bragueta y me toqué ligeramente la nariz para ver si tenía un moco colgando.

Pero no.

¿Qué ca-*aaaarajo*?

Era famoso.

A veces tienes etc.
a veces etc. te tiene.
Fatima Alves

El bombo publicitario sobre mi «aterrizaje» fue algo fuera de serie. Aclamado como la *próxima gran sensación*, «Matthew McConaughey salva el cine» era la leyenda en negrita detrás de mi cabeza en la portada de ciertas revistas de la industria. *¿Salvar el cine?* Dios, no *sabía* que necesitaba que lo salvasen y, si era así, no estaba seguro de que yo fuera o quisiera ser quien lo hiciera. Yo solo quería actuar, interpretar papeles que me interesasen en historias que me importasen.

A partir de aquel día, el mundo se convirtió en un espejo. Gente desconocida se acercaba a tocarme y me hablaba como si me conociesen muy bien. De hecho, ya no eran extraños.

Personas a las que no conocía ni había visto antes se acercaban a mí y decían: «Mi perro también tuvo cáncer, siento lo de *Ms. Hud*...».

«¿Cómo sabes que tenía un perro? ¿Cómo sabes su nombre? ¿Cómo sabes que podría tener cáncer? ¿Dónde han quedado las presentaciones?»

Todo el mundo tenía una biografía preconcebida sobre mí en aquel momento.

Las primeras impresiones honestas eran cosa del pasado. Ese cheque ya había sido cobrado.

Mi mundo había cambiado. En palabras de James McMurtry: «Ahora todo está patas arriba y marcha atrás, las cosas están al revés».

Todo el mundo me *amaba*, y no se privaban de expresarlo en voz alta y a menudo.

Yo solo se lo había dicho a cuatro personas en mi vida.

Nunca más volvería a ser anónimo.

Lo mismo ocurrió con los guiones.

El viernes *antes* del fin de semana del estreno había cien guiones que quería interpretar. Recibí 99 noes. Solo un sí. ¿El lunes *después* del estreno?

Entonces fueron 99 síes. Solo un no.

Guau.

Increíble.

Caray.

¿Qué era real? ¿Qué no lo era? El cielo se me abrió y era difícil notar el suelo bajo mis pies. Mi división diferencial, mi base espiritual en el aire; necesitaba algo de gravedad. Era el momento de ponerme de rodillas.

Por qué todos necesitamos aislarnos

Relación ruido/señal.

Estamos más bombardeados constantemente por estímulos antinaturales que nunca.

Necesitamos situarnos en lugares con la entrada sensorial reducida para poder oír las señales de fondo de nuestros procesos psicológicos.

A medida que el sonido disminuye, las señales se vuelven más claras,

podemos oírnos de nuevo, y nos reconciliamos.

Pasar tiempo con uno mismo simplifica el corazón.

La memoria se pone al día, se forman las opiniones.

Nos encontramos de nuevo con la verdad, y nos enseña,

aterrizando con pies firmes entre nuestro intento de contacto y nuestro repliegue, haciéndonos saber que no estamos aislados en nuestro estado, simplemente estamos solos.

Porque nuestra mente inconsciente *ahora* tiene espacio para revelarse, volvemos a verla.

Sueña, percibe y piensa en imágenes que *ahora* podemos observar.

En esta soledad, empezamos a *pensar* en imágenes y materializamos lo que vemos.

Nuestras almas vuelven a ser anónimas,

y entonces nos damos cuenta de que estamos atrapados con la única persona de la que nunca podemos deshacernos: nosotros mismos.

El diálogo socrático puede ser desagradable, doloroso, solitario, duro, guiado por la culpa y una pesadilla lo suficientemente violenta como para que necesitemos un protector bucal para no clavar nuestros colmillos en el meollo del asunto mientras tenemos sudores fríos provocados por un pánico febril.

Nos vemos forzados a enfrentarnos a nosotros mismos.

Y eso es bueno.

Nos merecemos muchísimo este sufragio, nos lo hemos ganado.

La almohada de un hombre honesto es su tranquilidad,

y no importa quién esté en nuestra cama cada noche, dormimos con nosotros mismos.

O perdonamos o nos hartamos de ello.

Aquí reside la evolución.

Sin ningún lugar adonde escapar, y forzados a lidiar con nosotros mismos, nuestras feas represiones del día a día se fugan del zoo y hacen el mono,

donde nos encontramos con nuestra naturaleza lanzándonos al ruedo con ellos, decidiendo si *ya basta*, o si *lo dejamos pasar*.

Cualquiera que sea el veredicto, crecemos.

Somos nosotros y nadie más que nosotros, nuestra constante y única compañía.

Nos cuidamos y volvemos a caer en gracia.

Luego volvemos a la civilización capaces de ocuparnos mejor de nuestras inclinaciones.

¿Por qué? Porque nos hemos tomado un descanso.

El Monasterio de Cristo en el Desierto se asienta en medio de kilómetros de desierto impertérrito, a orillas del río Chama, en Abiquiu (Nuevo México). El camino de tierra de veintidós kilómetros que conduce hasta allí desde la autopista suele estar difuminado, por lo que no se puede llegar en coche. A Thomas Merton le encantaba. Decía que este monasterio era un lugar donde la gente podía ir a «reajustar sus perspectivas». Leí algo sobre él en un libro y pensé: «Esto es lo que necesito en este momento: una realineación espiritual». Mi cabeza era un caos. Perdido en el exceso de mi recién descubierta fama y luchando contra el complejo de no ser digno de ella, mi existencia, entonces sin techo, no solo me tenía buscando mi rumbo, sino que también me estaba aplastando. ¿Cómo podía un chico de clase trabajadora de Uvalde, Texas, merecer toda esa opulencia y esos elogios? No sabía cómo manejar la decadencia de mi éxito, mucho menos creer que debía disfrutarlo. No sabía en quién confiar, y esto también me incluía a mí. En el libro, los hermanos decían: «Si puedes llegar a nosotros, simplemente llama a la puerta, te acogeremos».

Un buen amigo y yo viajamos desde Hollywood hasta ese camino de tierra, donde me dejó, y recorrí los veintidós kilómetros a pie hasta el monasterio. Llegué una hora después del ocaso y llamé a la puerta. Vestido con un hábito con capucha y una túnica, un hombre bajo llamado hermano André me recibió:

—Bienvenido, hermano, todos los viajeros tienen aquí un lugar donde hospedarse.

Me lavé y me dirigí a la cena grupal, en la que se leían los salmos en voz alta y hablar estaba estrictamente prohibido. Después, el hermano André me acompañó a una habitación pequeña y sencilla con un catre y una esterilla en el suelo en la que me tumbaba por las noches.

Al día siguiente, le dije al hermano André:

—Necesito hablar sobre algunas cosas que están pasando en mi vida y en mi mente, ¿sabe con quién podría hablar?

—Sí —respondió—, el hermano Christian sería el adecuado para hablar sobre ese tipo de cosas.

Me reuní con el hermano Christian y dimos un largo paseo por el desierto. Descargué mis sentimientos de culpa, los lugares bajos y lascivos por los que mi mente había estado viajando, la perversión de mis pensamientos.

—Desde que me he vuelto famoso —declaré— he intentado ser un buen hombre, no mentirme ni engañarme, ser más puro de corazón y de mente, pero estoy lleno de lujuria y despersonalizo a otras personas y también a mí mismo. No siento ninguna conexión con mi pasado ni veo el camino hacia mi futuro. Estoy perdido. No me *siento* yo mismo.

Compartí mis demonios mentales durante tres horas y media con el hermano Christian. Me autocastigué. Él no dijo ni una palabra. Ni una. Simplemente me escuchó pacientemente mientras deambulábamos por el desierto uno al lado del otro.

Al llegar la cuarta hora estábamos de regreso a la capilla, sentados en un banco justo en la entrada. Ahora llorando, finalmente llegué al final de mi confesión. Nos sentamos en silencio mientras esperaba el juicio de Christian. Nada. Finalmente, en la inquietud del silencio, miré hacia arriba. El hermano Christian, que no me había dicho ni una palabra en todo aquel tiempo, me miró a los ojos y, casi en un susurro, me dijo:

—Yo también.

A veces no necesitamos consejo. A veces solo necesitamos oír que no somos los únicos.

LUZ VERDE.

El hermano Christian

ambos son verdad

Soy optimista por naturaleza, apunto alto, tengo esperanza, y el hombre que quiero ser duerme en la misma cama que el hombre que soy, en cabeza, corazón, espíritu y cuerpo. No siempre disfruto de mi compañía por culpa de ese hijo de puta de Pepito Grillo, pero casi nunca soy capaz de alejarlo de mí, de todas formas. Y es por un buen motivo.

Incluso cuando estoy desentonado, fuera de frecuencia, con dificultades para sentir cualquier fricción o viscosidad entre mi ser y mis acciones o, alternativamente, cuando estoy tan perdido en la música que no soy consciente, la mejor versión de mí siempre está allí, e iniciará el diálogo socrático antes de que decida oírlo y mucho después de que quiera hacerlo, porque es insaciable.

Yo, por supuesto, termino oyéndolo, y luego el reto acaba siendo escuchar. Una vez lo hago y dejo de enfrentar al destino contra la responsabilidad, la verdad contra la ficción, los pecados contra lo que desearía ser o la mortalidad contra la eternidad, aprendo, y entonces simplemente empiezo a ser quien soy y a hacer lo que hago, por mí; no para otra persona y para todo el mundo al mismo tiempo. Por mí y por Dios, los dos juntos. Entonces me doy cuenta de que soy responsable del destino, de que la ficción es verídica, de que soy un pecador y a la vez un santo, y también un utilitarista ególatra. Siempre seré mortal.

Ahora cada uno de mis pasos tiene el panorama general en mente y soy el hombre que quiero ser, Pepito Grillo es un azulejo que llevo sobre el hombro y Sócrates tiene una sola voz.

Más que manejar mal mi recién adquirida fama, realmente no le encontraba la vuelta. Estaba anestesiado, a veces mudo, y provoqué algunas batallas que no tenían por qué haber sido provocadas. Si me salía del equilibrio durante un tiempo era sobre todo porque me importaba, y me importaba lo que significaba todo y lo que no. Yo casi siempre me salía con la mía. Disfrutaba de poder poner al fin gasolina súper sin plomo en mi pickup, pagar la cuenta cuando salía con mis amigos, conseguir pases entre bastidores y trabajar con gente con tanto talento. Intentaba seguir siendo un caballero y aceptar el caviar, los buenos vinos y los «te quiero» con elegancia, pero sentía que muchas cosas eran como si la sirvienta aún me estuviese planchando los pantalones después de pedirle que no lo hiciese. Me aseguraba de llamar a mi madre todos los domingos.

Solo que la persona a quien llamaba ya no era mi madre.

No era mi madre quien me escuchaba.

No era mi madre quien hablaba con su hijo.

Era una mujer que estaba más enamorada de mi fama que yo.

Esto se hizo especialmente evidente cuando una noche recibí una llamada de un amigo.

—Tío, ¿estás viendo esto?

—¿Viendo qué?

—¡Pon Canal 7, *Hard Copy*! —dijo mi amigo.

Encendí el televisor. Puse Canal 7 y…

Ahí estaba mi madre, hablando a la cámara que la seguía por toda nuestra casa en una visita guiada.

—Y esta es la cama donde perdió la virginidad con Melissa, creo que se llamaba así. Bueno, da igual, de todas formas no duró… Y *este* es su cuarto de baño, solo una ducha, sin bañera, y *aquí* lo pillé… ya sabéis… Ja, ja, pero, de verdad, no es nada importante, lo he visto millones de veces.

Oh. Mierda.

Llamé a mamá.

—Mamá, ¿qué has hecho?

—¿Qué?

—*Hard Copy*.

—¿Qué *Hard Copy*?

—Mamá, lo estoy viendo ahora mismo; *tú* también lo estás viendo, ¡lo oigo de fondo!

—Ah, *eso*…

—¡Sí, *eso*!

—No pensé que te enterarías.

—Mamá. Lo están poniendo en la televisión estatal. ¿¡Cómo podría no enterarme!?

Tristemente, la relación con mi madre fue extenuante los ocho años siguientes.

«Cuidado con las charlas espontáneas», le insistía. Ella lo intentaba. No importaba, no podía evitarlo. Quería un trozo de mi fama, y mientras yo seguía intentando encontrar *mi* equilibrio con ella, no estaba lo bastante seguro de mí mismo para compartirla con nadie más, y especialmente no con mi madre. Cuanto más quería un pedazo de mi sitio, más la dejaba fuera. Si papá estuviese vivo le habría encantado mi éxito, pero, al contrario que mamá, habría estado en primera fila pero como espectador, no intentando robarme el protagonismo.

Con mamá, tan pronto como aparecía ya me decía «vuelve pronto», así que empecé a irme pronto. Le daba una mano y me cogía todo el brazo, así que cuando no llegábamos a un acuerdo, empezaba a caminar dos veces más lento para hacer que esperase dos veces más. Dejé de compartir con ella *cualquier cosa* sobre mi vida o mis experiencias; no podía confiar en ella. No necesitaba a otra amiga que se subiera al carro de mi fama, necesitaba a mi *madre*, y lamentablemente ella estaba en *otra* clase de vacaciones prolongadas.

Años después, con los pies más firmes en el suelo y una carrera consolidada, finalmente dije «a la mierda» y aflojé las riendas con ella. Mi madre había entrado en los setenta y pensé que tal vez debería dejar que se divirtiese todo lo que quisiera, y sigue haciéndolo hasta hoy. Le encanta la alfombra roja, dar entrevistas y decirle al mundo que ella «sabe de dónde me viene». De ella.

No le falta razón.

el arte de correr cuesta abajo

No tropieces cuando corras cuesta abajo.

¿Es esa montaña la que quieres escalar?

Está justo a la vuelta de la esquina.

No te inventes el drama.

Vendrá por sí mismo.

Habían pasado cuatro meses desde el estreno de *Tiempo de matar* y estaba muy solicitado. Warner Bros., con quien había firmado un acuerdo de tres películas antes de filmar *Tiempo de matar*, esperaba con ansia mi próximo papel. Me llegaron decenas de ofertas, e incluso monté una productora para crear mi propio material. Estaba hambriento de ponerme a trabajar, solo que no sabía *qué* quería hacer. Uno de mis puntos fuertes siempre ha sido que soy capaz de encontrar una perspectiva sobre cualquier cosa, pero ahora, con la capacidad para hacer casi cualquier cosa, aquel punto fuerte era una debilidad. Todos los proyectos me parecían posibles.

UN HOMBRE ADICTO A LAS IDEAS
TIENE QUE SER INTERCEDIDO
CON HAMBRE.

UN HOMBRE ADICTO A LAS VERDADES
TIENE QUE SER ALIMENTADO.

Con la presión de tener que tomar una decisión sobre mi siguiente película, asfixiado por los ciegos afectos de mi fama reciente, *y* con una nueva fuerza impredecible como madre, quería ir a algún lugar donde nadie supiese mi nombre. Necesitaba ratificar que yo, Matthew, y no mi *fama*, era la justificación para cualquier adulación que recibiese. Necesitaba ir a algún sitio en el que los afectos que cosechase solo estuviesen basados en el hombre que aquellos extraños se encontraban y llegaban a conocer *después* de que llegase, no antes. Necesitaba oírme pensar —salir para volver a entrar—, para poder sentirme cómodo en mi nueva posición de influencia y medirla, estar menos impresionado por ella, encontrar algo de criterio, averiguar qué tipo de papel quería hacer a continuación y en qué tipo de película. Necesitaba un poco de hambre. Entonces…

TUVE UN SUEÑO HÚMEDO.

Sí, la emisión involuntaria de semen, libre de relaciones sexuales, trabajos manuales y felaciones que uno tiene mientras duerme. No muy frecuentes pero bienvenidos, estos sueños lúcidos implican más *común*mente un tema de actividad sexual. Este sueño húmedo no era común.

Me veía flotando con la corriente del río Amazonas, envuelto por anacondas y pitones, rodeado de cocodrilos, pirañas y tiburones de agua dulce. Hasta donde mis ojos podían ver, había hombres de una tribu en fila, hombro con hombro, en el cerro a mi izquierda.

Me sentía en paz.

Once fotogramas.

Once segundos.

Entonces me corrí.

Me desperté.

¡Caray!

Tenía todos los elementos de una pesadilla, pero había sido un sueño húmedo.

LUZ VERDE.

«¿Qué significa?», me pregunté.

Había dos cosas en el sueño de las que estaba seguro. Una, que estaba en el río *Amazonas*, y dos, que los hombres de la tribu que estaban en el cerro eran *africanos*. Salí de la cama, cogí mi atlas del mundo y pasé las páginas hasta llegar a África.

Y empecé a buscar el Amazonas.

Bien, como probablemente ya sepáis, podéis pasaros horas buscando el río Amazonas en el continente africano porque no vais a encontrarlo. Busqué aquel río durante dos horas hasta que me di cuenta…

No era el continente correcto. El Amazonas está en América del Sur.

Maldita sea, los sueños pueden ser tramposos. Aun así, era una señal, y justo lo que estaba buscando.

Había llegado el momento de perseguir mi sueño húmedo.

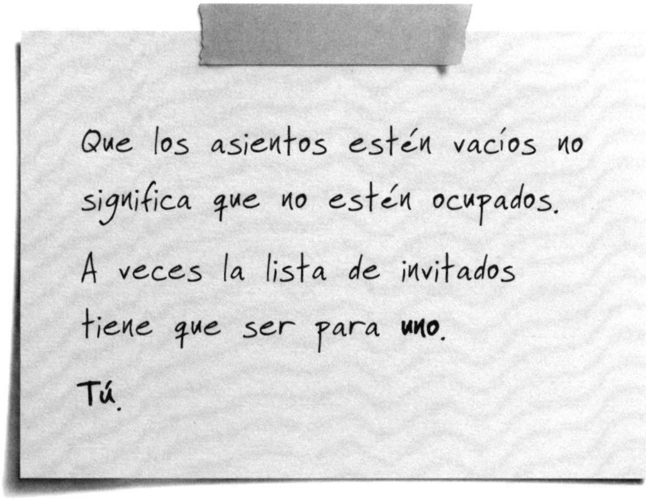

Metí en la mochila las prendas de ropa imprescindibles, mi diario, la cámara, un botiquín, un poco de éxtasis y mi cinta para el pelo favorita, y entonces me embarqué en un viaje de veintidós días en solitario a Perú para encontrar el río Amazonas y flotar en él. Sí, el que está en América del Sur.

Volé a Lima y luego me dirigí a Cuzco, donde me reuní con un guía y planeamos mi viaje de tres semanas al río Amazonas a base de anticuchos[*] y pisco. Caminé por los Andes y junto al río Urubamba hasta la ciudad perdida de Machu Picchu escuchando el álbum *Uh-Huh*[**] de John Mellencamp en mi *walkman* mientras subía. Luego cogí un autobús, un barco y un avión para llegar a la ciudad más grande del mundo a la que no se puede acceder en coche: Iquitos, la «capital peruana del Amazonas».

[*] Corazón de vaca a la parrilla; la comida principal perfecta en un país en vías de desarrollo. Te hará enfermar al principio del viaje para que luego te pongas menos enfermo.

[**] *Uh-Huh* era el álbum al que me enganchó mi hermano Pat en 1983. Mi canción favorita del disco, «Pink Houses», siempre ha sido el tema más arquetípico sobre América para mí; una canción sobre generaciones, fe y sueños perdidos y encontrados que fue fundamental a la hora de dar forma al tipo de patriota que era y que soy.

Era la duodécima noche de mi aventura de veintidós días y me estaba instalando en el campamento. Ya había recorrido más de 128 kilómetros andando hasta este punto y al día siguiente llegaría finalmente a las aguas de mi sueño húmedo: el río Amazonas. Hasta ese punto del viaje me había resultado difícil estar presente por lo excitado que estaba anticipando lo que significaría el Amazonas para mí, y me había perdido la mayoría de las bellezas por el camino. Aún luchando con mi identidad, me perseguía la culpa por los pecados del pasado y me sentía desolado y disgustado con la compañía que tenía, la mía propia.

En la tienda, peleando contra mis demonios, no podía dormir, de modo que dejé de intentarlo y me despojé de la ropa, junto con cualquier insignia, bandera, expectativa y afiliación que llevara conmigo. Me deshice de la gorra de béisbol que era mi tótem del patriotismo, del colgante con el nudo celta que simbolizaba mi herencia irlandesa, del amuleto con la bandera de la Estrella Solitaria del estado de Texas, que representaba mi orgullo tejano, y de cualquier otra figura inspirada en aventuras del pasado. Incluso tiré el anillo de oro que mi padre me había dado, hecho a partir de una fusión de su anillo de graduación y el de mamá, y oro de uno de sus dientes. Descarté todos los ídolos que me habían proporcionado confort y seguridad, orgullo o confianza. Todos los artificios y las representaciones, el envoltorio de mi producto, se habían esfumado. Incluso me di un par de bofetadas

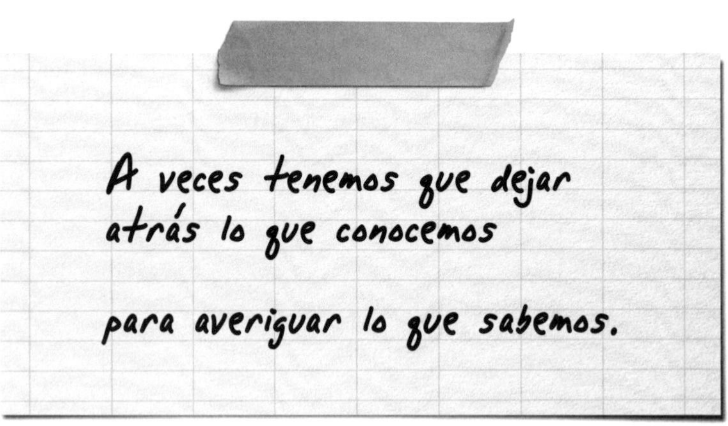

en la cara por si acaso. ¿Quién era yo? No solo en *este* viaje, sino en *esta* vida. Ya desnudo y desposeído de todo, no era más que un *hijo de Dios*. Empapado en sudor frío, vomité hasta que no quedó bilis en mi vientre y luego me desmayé del agotamiento.

Unas horas después, me desperté con la salida del sol en la decimotercera mañana de mi viaje. Sorprendentemente fresco y lleno de energía, me vestí, preparé un poco de té y salí a dar un paseo matutino. No hacia mi destino o hacia cualquier expectativa, sino a ninguna parte en particular. Me sentía genial: vivo, limpio, libre, brillante.

Caminando por un sendero embarrado, doblé una esquina y allí, en medio del camino, me topé con un espejismo de los rosas y azules y rojos más magníficos que había visto. Era electrizante, brillante y vibrante y flotaba sobre el suelo de la jungla, palpitando como si estuviese enchufado a una central eléctrica cargada con neones.

Me detuve. Me quedé mirando. Di un paso atrás. No había forma de desviarse y no era ningún espejismo. El suelo de la jungla que tenía delante era en realidad un caleidoscopio de miles de mariposas. Era espectacular.

Me quedé un buen rato maravillado. Cautivado, oí una pequeña voz dentro de mi cabeza diciendo estas palabras:

Solo quiero lo que puedo ver,
solo puedo ver lo que está frente a mí.

Ya no tenía prisa por llegar a ningún sitio ni anticipaba lo que había al volver la esquina, lo que iba a venir a continuación, o más adelante; el tiempo se ralentizó. Levanté la barbilla hacia el cielo y pronuncié un tranquilo «gracias». Luego eché un vistazo al camino que había justo después de la enorme colección de mariposas levitando y allí, por primera vez, vi el río Amazonas.

La torre de todas mis ansiedades yacía ahora perpendicularmente frente a mí como un río sin prisa, y por primera vez en meses me sentí relajado.

(...) Sí, él interpreta a un personaje, pero siempre desde su p
y se forma todas las opiniones sin sesgos personales; estoy en
comunicar de la naturaleza... Estoy en el jardín, y la libertad —
que tengas dulces sueños. He soñado con vivir aquí 1} para sie
las 04.45 y me levanto para ver gallitos de las rocas. Bailan
aquí la mitad del año sin ningún problema. Creo que para aprecia
lugar para vivir de forma permanente; encontrar la similitud, l
una necesidad del hombre alejarse de lo que conoce para poder v
las amistades, los asesores, el consejo, los oídos que escuchan,
«situación difícil», en un lugar donde, cuando su mente tenga
escucharlo excepto él mismo y su Dios. En una época, en una Am
necesidades, en la que podemos estar en cualquier lugar, con cu
los automóviles, los aviones, los teléfonos para el coche, los es
y con razón, porque yo tampoco querría renunciar a las mías, pe
ser capaces de sobrevivir, entonces corremos el riesgo de perd
esencialmente «buena», pero debemos respetarla como un lujo, p
hombre debe salir de la civilización tal y como la conocemos y s
donde nadie pueda hacer nada por él excepto él mismo; estar e
no pueda tener nada más que «elección», que no pueda hacer n
sobrevivir donde regresará, con lujos. Todo hombre debe saber l
duro abandonar nuestro lugar (nuestro hogar, Estados Unidos),
han cruzado en mi camino, sin interrupciones, como lujos (teléfo
«hogar» en el corazón y en la mente de todos los hombres. Un
las mujeres con los ojos húmedos hacen que me sienta en casa.
(éxito, cogerle el gusto = lujos) y solo recordásemos irnos cuan
cuando, si no antes, se hace necesario para solucionar un proble
recordatorio de Dios de nuestra mortalidad, de modo que apárt
necesidad sufrague tus lujos, porque la necesidad es un lujo. Márc
[Me he topado con una sonrisa que me gusta, un paseo que me g
más brillantes que antes —no diré que los encontré, o que ahor
abrí las puertas de mi hogar y los dejé entrar—, no quiero pos
mismo. Quiero lo que veo, sí, y todo lo que veo está delante de
porque puedes manejarlas en lugar de observarlas. Las conclusion
«ooh» y los «ahh», mientras que la creencia es el 81 228 en

-ista, mientras que el camaleón ignora su punto de vista
o el placer. Observa de cerca y escucha las formas de
el placer— me rodea por todas partes. Buenas noches, Mateo,
entre películas 3) para escribir y ser 4) de vacaciones. Son
a hembra solo al amanecer y cuando cae la noche. Podría vivir
r, un personaje, un tiempo, tengo que pensar en él como un
Dios tiene un jardín trasero tan colorido  que creo que es
sabe —el hombre debe apartarse de las comodidades, los lujos,
da sobre la que descansa— y obligarse a ponerse en una
miento y su boca vaya a pronunciarlo, no haya nadie para
la que nuestros lujos se han convertido en nuestras
rsona, en cualquier momento, gracias al teléfono, la televisión,
Oh, también es difícil dejar atrás las comodidades del hogar,
o «tememos» dejarlas, o «no» tenerlas porque «tememos»
ra «naturaleza» y nuestro Dios. La tecnología es
ha creado el hombre, no nos la ha ofrecido Dios. Así que el
rdín, sea cual sea el suyo, y observar, escuchar, ver un lugar
r que no tiene «elección» (la Madre Naturaleza), de modo que
que «elegir» cómo sobrevivir donde está, sin lujos, y
esita, y todos sabemos qué es necesario para sobrevivir. Es
y la bienvenida a las verdades y el alma y la libertad que se
s, TV), y son tan claros y puros que son lugares que son
ejar su hogar si quiere encontrar el hogar (Australia, Perú);
i dejáramos de rezar y buscar cuando nos sentimos bien
alestar en nuestras vidas; el hombre debe dejar su hogar
úa, no reacciones; y sí, los conflictos llegarán, como
o que conoces para averiguar lo que sabes, y deja que la
u terreno fértil, vuelve y hazlo con ganas; crea, valora, respeta.
evo un collar que me gusta en el cuello, los colores que veo son
rtenecen, porque fueron ellos quienes me encontraron; yo solo
, no hay nada que realmente quiera que no lleve conmigo ahora
ar presente. Las creencias son mejores que las conclusiones,
el Modelo T en la planta de exposición, que está allí para los
pista —

LA FUNCIONALIDAD TRIUNFA 8/11/96

Unas horas después volví al campamento para preparar la mochila y continuar mi viaje. Cuando llegué, mi guía me dijo en español: «Sois luz, Mateo, ¡sois luz!».

Ya perdonado, me había liberado de la culpa, mi confusión había desaparecido, sentía que ya había cumplido mi penitencia. De nuevo con todo a favor, me estreché mi propia mano. A partir de esa mañana estuve presente, aceptando *solo lo que podía ver delante de mí*, y dándole la validez que merecía. Durante las dos semanas siguientes hice senderismo, monté en canoa e incluso me abrí paso con un machete a través de la selva tropical amazónica con mi chute de éxtasis.

Y sí, *floté desnudo sobre mi espalda por el río Amazonas*, pero no me rodearon serpientes, cocodrilos, tiburones o pirañas como en el sueño. Supongo que ya no tenían por qué hacerlo. El último día, mientras me bañaba en el río, sí que vi lo que parecía la última onda de una cola de sirena mientras se deslizaba bajo la superficie del agua río abajo. Le devolví el saludo.

Había atravesado una verdad. ¿La había encontrado? No lo sé, creo que ella me encontró a mí. ¿Por qué? Porque me puse en un lugar para ser encontrado. Me coloqué en un lugar para recibirla.

¿Cómo sabemos si atravesamos una verdad o si ella nos atraviesa a nosotros?

Yo creo que la verdad está siempre a nuestro alrededor. Los ángeles anónimos, las mariposas, las respuestas, siempre están allí, pero no siempre las identificamos, las comprendemos, las oímos, las vemos o tenemos acceso a ellas, porque no estamos en el lugar adecuado para hacerlo.

Tenemos que trazar un plan.

LUZ VERDE.

Dios, cuando atravieso la verdad, dame

el **conocimiento** para **recibirla**

la **conciencia** para **reconocerla**

la **presencia** para **personalizarla**

la **paciencia** para **preservarla**

y el **coraje** para **vivirla**

Primero tenemos que **ponernos en nuestro lugar** para recibir la verdad. Este ruidoso mundo en el que vivimos, con sus compromisos, sus fechas de entrega, sus «arregla esto», «haz aquello» y las expectativas dificultan que alcancemos la lucidez y la paz mental, seamos o no famosos. Así que tenemos que ponernos conscientemente en un lugar para recibir esa lucidez. Ya sea una oración, la meditación, una época de aislamiento, tener la compañía adecuada, un viaje por carretera; lo que funcione para cada uno de nosotros.

Luego, después de que nos hayamos colocado en ese lugar para escuchar la verdad de Dios y oír su música, tenemos que estar **lo suficientemente alerta para recibirla**, y **lo suficientemente conscientes para reconocerla**. Llegará sin nombre porque es clara, omnipresente, unánime e infinita. Normalmente aterriza como una mariposa, rápidamente y en silencio. Cuando dejamos que entre, no hace falta presentación.

Entonces la relación puede empezar, y necesitamos la **presencia para personalizarla.** En ese momento es cuando la verdad anónima se convierte en algo íntimo y se vuelve autónoma. Nos preguntamos qué significa, de qué forma es única para nosotros y por qué está aquí ahora.

Después llega una parte más difícil: tener la **paciencia para preservarla**, llevarla desde nuestro intelecto hasta nuestros huesos, nuestra alma y nuestro instinto. Debemos prestarle atención, concentrarnos en ella, mantenerla encendida y no dejar que se agite. Esto implica compromiso, tiempo y presencia.

Si conseguimos llegar hasta aquí, después de habernos puesto en el lugar adecuado para recibir la verdad, haberla reconocido como tal, habérnosla hecho nuestra y haberla preservado, entonces llega el golpe de gracia...

Tener el **coraje para vivirla.** Alejarnos de verdad de ese sitio donde nos encontró, llevar esa verdad con nosotros al estadio lleno de gritos que es nuestra vida diaria, practicarla y convertirla en una parte activa de quienes somos.

Si somos capaces de hacer eso, entonces estaremos en el buen camino para lograr nuestro Cielo en la Tierra.

Donde lo que queremos es lo que necesitamos.

Donde lo que necesitamos es lo que queremos.

Regresé a Hollywood y enseguida tomé la decisión de interpretar el papel de Palmer Joss junto a Jodie Foster en *Contact*, de Robert Zemeckis. Después de mi viaje espiritual al Amazonas, mi elección de vivir en un hombre que creía en Dios en un mundo científico se parecía mucho a la verdad de dónde estaba yo en mi propia vida y dónde quería pasar mi tiempo delante de la cámara. Jodie Foster era sin duda la protagonista y la gente se preguntaba por qué yo había escogido «el papel de la chica», como lo llamaban en la época, en lugar de elegir otros papeles *protagonistas* que me estaban ofreciendo. Pero yo estaba más que satisfecho con mi decisión, porque me interesaban lo que llamaba «papeles filántropos e historias de autodescubrimiento», así como trabajar con grandes directores.

Después de terminar el rodaje continué navegando en canoa por los ríos, solo que ahora estaba listo para remar en las carreteras de Estados Unidos, de modo que compré una furgoneta GMC Savana de 1996 y la equipé para adecuarla a mis gustos. Vacié el interior, excepto los dos asientos frontales, e instalé un compartimento hecho a medida con una nevera y un desagüe escondidos, un sistema de megafonía como el que tenía en mi pickup del instituto y un micrófono con revestimiento antivibraciones Rode NT1-A en el extremo de un brazo flexible conectado a un grabador de casetes que estaba montado en el techo encima del asiento del conductor, de modo que pudiese grabar mi voz con calidad superior mientras conducía. Muchas de estas grabaciones han sido transcritas y se han incluido en este libro. Me gasté diez de los grandes en un amplificador Alpine, un ecualizador Tancredi y unos altavoces Focal ES para tener el mejor sistema de sonido clásico, instalé un sofá cama de piel de leopardo en la parte trasera y perforé el suelo para colocar un embudo de aceite, de modo que pudiese mear sin tener que pararme. Bauticé aquella furgoneta como «Cosmo», y *Ms. Hud* y yo nos pusimos en marcha.

Nunca me han importado mucho los destinos.

La idea de la llegada es demasiado finita para mi
imaginación y sentido de la canción.

Dame un rumbo y una autopista de dieciséis carriles
con margen para cambiar de dirección y explorar a
lo largo del camino.

Como el jazz, prefiero ver la vida como un río.

Tras unos meses cruzando Estados Unidos y durmiendo en aquella cama de piel de leopardo o en moteles, *Ms. Hud* y yo decidimos que estábamos listos para comprometernos a ser compañeros de carretera, de modo que dimos un paso más: compramos una caravana Airstream International CCD de ocho metros y medio, la enganchamos a la parte trasera de la Cosmo y remolcamos nuestro nuevo hogar por la carretera.

Ahora completamente autosuficientes, *Ms. Hud* y yo nos convertimos en lo que en el mundo de las caravanas se llama «viajeros a tiempo completo». Abrimos senderos desde Manitoba hasta Guatemala, y en 48 de los 49 estados accesibles de Estados Unidos. ¿Nuestra brújula? Dondequiera que quisiéramos ir. ¿Nuestro horario? Cuandoquiera que quisiéramos llegar. ¿Que Roger Clemens va a estar lanzando en Nueva York dentro de tres días? Eso eran tres días de trayecto desde Albuquerque (Nuevo México), de modo que salíamos a la mañana siguiente y llegábamos para el partido. ¿Que hay un concierto de The Cult en Detroit la noche siguiente? Perfecto, nos dejaremos caer por allí el día después de que Clemens lance.

También me reunía con directores de cine en la carretera. Por ejemplo, si estaba en Utah y me dirigía al este, concertaba una cita con mi invitado para que volase a Boulder (Colorado) a la mañana siguiente y lo recogía en el aeropuerto local. Luego conducíamos juntos y discutíamos sobre el proyecto durante las siete horas siguientes hasta que lo dejaba en el aeropuerto de Lincoln (Nebraska) para que volara de vuelta a casa. Mi asiento favorito siempre ha sido el de detrás del volante, y conducir por las autopistas de América siempre ha sido mi oficina ideal.

Fuimos a filmar a Rhode Island, donde pude trabajar con Steven Spielberg en *Amistad*, una película sobre una revuelta de esclavos a bordo de una goleta española en 1839; un caso muy señalado para el movimiento abolicionista que llegó al Tribunal Supremo. También hice *Los Newton Boys* con el viejo amigo que me dio la primera oportunidad en este negocio, Richard Linklater. Trataba de una banda criminal de hermanos que fueron los ladrones de trenes y bancos con más éxito de la historia. El hombre a quien yo interpretaba era «Willis Newton», que era originario de mi ciudad (Uvalde, Texas). Uno de los creadores de la lógica proscrita, prefería «disparar a la cerradura antes que usar una llave».

Ms. Hud y yo disfrutábamos de la vida en los parques de caravanas en sitios remotos, y especialmente de la gente que conocíamos y observábamos por el camino. Para mí, esto era Interpretación y Narración 101, un asiento de primera fila para observar personajes reales en la vida real. Era vivir, no memorizar; comportamiento, no actitud. Escribía en mi diario y me grababa con el micro todos los días.

Los parques de caravanas están llenos de renegados, fugitivos, payasos profesionales, guitarristas de bandas de rock, gente sin suerte, amantes de la vida salvaje, amantes de los cócteles a las cuatro de la tarde, lectores de libros, parejas jubiladas, madres solteras, conductores de monociclos, inventores, jardineros, soñadores, almas perdidas, *hippies*, moteros, cocineros de metanfetamina, viajeros frecuentes y personas que se planchan su propio traje a las seis de la mañana. Una cosa que *todos* valoran es ocuparse de sus propios asuntos y que tú te ocupes de los tuyos.

«Si la puerta está cerrada, no llames» es una de las primeras reglas de la vida en un parque de caravanas. Sí, oí muchas veces «Matthew McConaughey está viviendo en el parque», pero después de algunos saludos con la mano y con la cabeza, todo el mundo respetaba siempre mi privacidad, porque generalmente todos honraban las reglas del parque de caravanas. Cuando alguien se las saltaba, el resto del parque se lo hacía saber.

Por otra parte, si resultaba que *sí querías conocer gente*, en palabras de Bobby *Thin Lizzy* Robinson del La-Z-Daze Mobile Home Park en Quartzsite (Arizona), «simplemente abre el capó y mucha gente vendrá a ayudarte».

Ms. Hud y yo nos tomábamos nuestro tiempo en la carretera e íbamos adonde nos apetecía cuando queríamos, «sin parar pero viajando de forma segura, y si en algún momento tienes prisa, vete temprano», como nos explicó Robby *Cricket* McKenzie cuando salíamos de un parque de caravanas junto a un arroyo en Gadsden (Alabama).

El sentido común es como el dinero y la salud: una vez lo tienes, debes esforzarte para mantenerlo.

Durante el rodaje de una película, *Ms. Hud* y yo nos instalamos en el parque de caravanas de la reserva india de Squamish Nation, justo al sur del puente de Second Narrows en Vancouver (Canadá). El líder de la reserva, Mike Hunt (sí, ese era su nombre) y yo pronto nos hicimos amigos. Al vivir junto al río, los squamish eran expertos pescadores. Sin embargo, no se habían vuelto especialmente eficientes en el arte de atrapar salmones plateados. En lugar de salir con sus canoas con cebos y anzuelos se metían en el arroyo poco profundo y simplemente disponían un pasillo de piedras que llevaba a la entrada abierta de un carrito de la compra abandonado del supermercado local. No se podría decir que fuera un deporte; de hecho, no lo era en absoluto, pero era altamente fiable. Yo cocinaba entrecots de ternera en la parrilla exterior de mi Airstream y los cambiaba por salmones plateados recién capturados en las cestas de acero con ruedas.

Un día un *paparazzi* se estableció en el parque de caravanas tratando de conseguir fotos de mí. El jefe Hunt y sus hermanos fueron a hablar con él y le dijeron que no era bienvenido en la reserva.

—¿Por qué? —preguntó el *paparazzi*.

—Porque aquí somos una tribu y estás incomodando a uno de nuestros hermanos.

—Bueno, me sabe mal —se defendió el *paparazzi*—, ¡pero yo pago el alquiler y este es un país libre!

—No en *esta* reserva, no lo es.

El jefe Hunt y sus hermanos escoltaron al tipo fuera de la reserva aquella noche. No solo no volví a verlo, sino que él no llegó a verme; no consiguió ni una sola foto.

Seis semanas después, cuando había terminado el rodaje y estaba empaquetando las cosas para irme, el jefe Mike y sus hermanos me dieron un regalo de despedida: una pala de canoa tallada a mano con el símbolo del ave del trueno de la nación squamish grabado.

—La pala es lo que da a la nación squamish su rumbo en el agua —dijo el jefe Hunt—. Que esta sea *tu* brújula y que cuide de ti en tus viajes, hermano Matthew.

Desde ese día he llamado cariñosamente a mi International CCD Airstream de ocho metros y medio «la Canoa».

LUZ VERDE.

LOCALIZAR PARA PERSONALIZAR. ADAPTARSE PARA MODIFICAR. EL HOMBRE DEL RENACIMIENTO SE SIENTE EN CASA DONDEQUIERA QUE VAYA.

Era justo después de la puesta de sol en algún lugar junto al río Clark Fork, en el oeste de Montana.

Llevaba desde las ocho de la mañana conduciendo, por lo que estaba bastante cansado y buscaba un parque de caravanas para estirar un poco el cuerpo, descansar y poder ver el último partido de fútbol americano universitario Pac-12 en mi televisión por satélite. Con el último pueblo demasiado atrás y el próximo a ochenta kilómetros, estaba en medio de la nada cuando mis faros delanteros iluminaron una señal de camping, a la derecha. Reduje la velocidad inmediatamente y tomé el oscuro camino de tierra fuera de la autopista.

Conduje por el sendero bordeado por pinos negros como boca de lobo hasta que el camino dejó de existir. Me paré, miré a mi alrededor: nadie, ningún servicio, nada. *Ms. Hud* y yo salimos de la Cosmo, la Canoa enganchada detrás, para analizar la situación y buscar alguna pista. Nada. Entonces, unos cuarenta metros adentro del bosque de pinos, vi la pequeña brasa naranja fluctuante de un cigarrillo. Apagué el motor, cerré las puertas y, con *Ms. Hud* a mi lado, me dirigí hacia el resplandor.

Conforme me iba acercando percibí una figura vestida con un uniforme de chef completamente blanco, fumando, apoyada en la pared, con la pierna izquierda recta, la derecha doblada, que me recordó a mi hermano Pat en el instituto. Cuando llegué a una distancia audible, la figura me preguntó:

—¿Buscas algún sitio?

—Sí —dije—, con un cielo abierto orientado al sur para mi antena parabólica.

Sin cambiar de postura ni dejar de dar caladas a su cigarro, movió la cabeza hacia arriba y a la derecha:

—Habla con Ed, está en la barra, él te instalará.

Ms. Hud y yo fuimos en esa dirección y llegamos a una puerta grande de madera dura a un lado de la misma estructura enorme parecida a un establo en la que el chef se estaba apoyando. La abrí y me llegó a todo volumen una oleada de luz, música y juerga. Era una taberna, y era sábado por la noche. Con paredes lo suficientemente gruesas para no saberlo hasta que estabas *dentro*, el lugar estaba abarrotado y muy animado.

Entramos y buscamos la barra cuando los grandes ojos marrones y cordiales de una camarera Cheyenne rebotaron en mí. Se presentó.

—Hola, soy Asha, entra, ¿puedo ayudarte en algo?

—Sí —dije—. Estoy buscando a Ed.

Hizo un reconocimiento rápido por toda la sala.

—Es el que está allí, detrás de la barra.

Eché una ojeada a la barra llena y después a la parte trasera de la cabeza calva, canosa y de pelo largo que había detrás.

—Gracias, Asha.

—De nada, si necesitas algo házmelo saber —dijo, guiñando el ojo mientras volvía al trabajo bailando.

Con *Ms. Hud* pisándome los talones, fuimos hacia la barra.

—Eh, ¿¡Ed!? —elevé el tono de voz para conseguir su atención por encima del alboroto.

—Sí, ¡¿qué quieres?! —gritó Ed desde un grifo de cerveza, apenas levantando la vista por encima del hombro.

Ocupado sirviendo a la clientela local lo que ya sabía que querían, Ed no buscaba ningún negocio *nuevo* aquella noche. Continuó sirviendo cervezas.

Ed tenía un tic epiléptico, la cara se le retorcía y la lengua se extendía fuera de la boca sin que pudiese evitarlo, pero su condición obviamente no había conseguido disminuir su superioridad como encargado de aquella taberna.

—¡Un sitio para mi caravana con un cielo abierto orientado al sur! —grité frente a la barra.

—¡¿Un qué en el cielo?! —graznó, dándose finalmente la vuelta para ver quién era aquel borracho no bienvenido que ya estaba pidiendo cosas que no estaban en la carta.

—Un sitio para mi caravana con un cielo abierto orientado al sur

—señalé—, para que mi antena parabólica pueda tener señal para el partido de las nueve.

Saliendo de la barra para servir esa cerveza que acababa de verter, me echó un vistazo al pasar a mi lado y dijo:

—No.

—Eh, ¿eres Matthew McConaughey? —preguntó una voz a mi izquierda, claramente ebria.

Asegurándome de marcar mi territorio y no parecer una presa fácil para su noche de entretenimiento,* respondí de forma un poco arrogante.

—Desde hace veintinueve años —aseguré—. ¿Por qué?

Demasiado borracho para pillar mi tono, una sonrisa enorme apareció en la cara del tipo y dijo:

—Joooder, ¡lo *sabía*!

Me agarró la mano y me la estrechó.

—Soy Sam, siéntate y deja que te invite a una copa, te presentaré a mi tío Dave. Ahora está en el cagadero, volverá enseguida.

Decidí que aquel lugar parecía más divertido que un partido de fútbol americano y, como de todas formas no me estaban ofreciendo un cielo orientado al sur, me vi forzado a quedarme.

—Deje que le dé un paseo a mi perra e instale mi caravana, volveré en media hora.

Me disponía a salir cuando oí una voz que ladraba desde la barra:

—¡Serán once dólares! Coge cualquier sitio, todos son abiertos.

Era Ed.

Treinta minutos más tarde volví y me hice un hueco en la barra entre Sam y su tío Dave.

—¿Qué bebes, Matthew?

—Doble Cuervo con hielo —pedí lo suficientemente alto para que Ed me oyese, pero no lo hizo.

* A veces tengo que establecer unos límites inmediatamente o la gente se aprovecha de mi tiempo: firmas, fotos, llamadas a la cuidadora de su tía segunda, que es «muy fan». En este caso particular, todo el mundo estaba desatado y yo estaba en su territorio, de modo que decidí sentar de entrada el precedente de que no estaba allí para entretenerlos. Si hubiese respondido amigablemente «Sí, ¿cómo lo sabe?», hubiese abierto las compuertas para ser tratado como un poni de feria. Con la respuesta cortante que di, hice que Sam, y todo el mundo que me oyó, supiese inmediatamente que no estaba allí aquella noche para entretenerlos. Tenía que darles un poco de luz amarilla para conseguir mi luz verde.

—Eh, cariño —le dijo Sam a Asha, que pasaba por allí—, ponle a mi buen amigo Matthew un triple Cuervo con hielo, ¿vale, encanto?

—Claro, Sam, y ya sabes que me llamo Asha, así que deja de tener miedo de llamarme así —dijo con un guiño.

Observé el lugar. La gente sonreía, flirteaba, se terminaba la cena, tomaba tragos, bailaba y jugaba a las tragaperras. Parecía que todos habían estado allí antes, y la mayoría de ellos llevaban años viniendo, sobre todo Sam.

—Eh, cielito, ¿nos traes otra ronda? —flirteó luego con otra camarera que pasaba. La siguiente vez, le dijo a otra—: ¡Tres más aquí, muñeca!

Me di cuenta de que cada vez que las llamaba con una expresión típica de cariño, todas le pedían que las llamara por su nombre. Las chicas no se sentían amenazadas; no estaban preocupadas por las políticas de género. Si acaso mostraban afecto por él.

Entre las rondas cuatro y cinco, Sam se levantó para ir al baño. Le pregunté a su tío Dave, que había estado sentado tranquilamente a mi otro lado toda la noche:

—¿Por qué Sam llama a todas las camareras «encanto», «cariño», «nena» o «cielito» y todas le piden que las llame por su nombre?

El tío Dave tomó un trago antes de mirarme a los ojos y darme la respuesta.

—Sam perdió a su primera y única esposa dos semanas después de casarse, hace seis años, y después de seis años de venir aquí con él seis noches a la semana, sigue sin recordar ninguno de los nombres de las camareras. No ha recordado ni ha sido capaz de pronunciar *ningún* nombre de mujer desde entonces. No puede.

Sobre las tres de la mañana, con una clientela más escasa pero todavía con fiesta para rato, estaba tirando dados contra la pared con una docena de clientes de última hora de la noche. Josie, la encargada del hotel al que pertenecía la taberna, tenía treinta y cinco años, los dientes torcidos, entradas, pantalones Dickey de la talla 44 con un cinturón de cuero alrededor del vientre de 66 centímetros, un labrador negro muy leal a su lado y un bebé de trece meses durmiendo en el carrito que estaba junto a ella; todo atribuible a un rollo de una noche de hacía dos años y pico, cuando pasó por este lugar, como yo, y conoció a un tío llamado Jack en este mismo bar y procedieron a dirigirse a su habitación de hotel y follar toda la noche. Cuando se levantó a la mañana siguiente, Jack se había largado, pero su labrador negro seguía a los pies de la cama, de modo que ella «esperó un tiempo en aquel lugar» y un par de meses más tarde supo que estaba embarazada. Aquella noche Josie estaba «tirando los dados para un nuevo juego de neumáticos porque el mes pasado conduje durante doce kilómetros con una rueda pinchada y destrocé las otras tres».

También estaba Donnie, un agricultor dedicado al cultivo de setas orgánicas que estaba viviendo en una cabaña con Donna. Cuanto más borracho estaba, más sentimental y preocupado se mostraba ante el hecho de que todos los lugareños «creen que me acuesto con Donna». Todo el mundo los provocaba llamándolos «D y D». Donna estaba casada, pero su marido había tenido que aceptar un trabajo de perforación en Alaska, donde llevaba un año trabajando. Admitió que había pensado en *follarse* a Donnie porque «él es un hombre, yo soy una mujer», pero decía: «Solo lo estoy ayudando porque no tiene donde vivir y yo tengo una habitación libre». Donna tenía dos másters, pero «los títulos no te llevan muy lejos en Montana —decía—. Trabajo en la Humane Society en Missoula, a ochenta kilómetros de aquí, todo el día y luego sirvo mesas aquí por la noche». Luego me enseñó el pelo que le había crecido en las piernas y en las axilas desde agosto. «Preparándome para el invierno», dijo.

Bill y Susie llevaban veintidós años casados y regentaban un bar a veinticinco kilómetros de allí que nunca había sido rentable, de modo que se retiraron de trabajar juntos. Susie juraba que hacer de madre de los dos hijos adolescentes del anterior matrimonio de Bill era «mucho más duro que mantener el bar abierto». Bill decía que la mayor exportación de Montana son sus chicos. La educación primaria es excelente, y la mayoría de los padres son buenos, pero como es tan difícil ganarse la vida en este estado, todos los chicos se marchan para encontrar trabajo. «Pero cuando tienen el dinero suficiente para arreglárselas, *todos* vuelven a casa, porque no hay nada como Montana.»

Me alegré de que no tuvieran ningún lugar con un cielo abierto orientado al sur.

LUZ VERDE.

Una de las grandes libertades de la vida de caravana es que puedes engancharla a la furgoneta, marcharte y encontrar un sitio nuevo *siempre que quieras*. Puedes moverte para asistir a eventos deportivos, conciertos, irte a un lugar remoto en el desierto, despertarte con un oso pardo junto a tu ventana una mañana en un río de Idaho, caminar por el Antelope Valley en Utah, conocer gente como hice yo en Montana, o que la Autoridad Portuaria te escolte por Times Square en Nueva York, pero también necesitas un sitio donde recibir el correo. Me gustaban especialmente los veranos de Golden (Colorado) y los otoños de Austin (Texas), de modo que adquirí un apartado de correos en cada una. Estos dos destinos me servían como «casas», dos direcciones en las que *Ms. Hud* y yo parábamos y pasábamos un tiempo. Yo leía el correo, me conectaba a la electricidad y al agua de la ciudad, quedaba con viejos amigos y planeaba nuestra próxima aventura.

Oraciones de clase media

¿Alguna vez has estado en una iglesia baptista en el Sur Profundo?

Rezan oraciones de verdad.

Oran por cosas que *necesitan*.

Dios, si estoy enfermo, tráeme un médico.

Dios, si me demandan, tráeme un abogado.

Dios, si tengo frío, tráeme una manta.

Dios, si tengo hambre, tráeme algo de comida.

Oraciones de clase trabajadora.

Y luego están las oraciones de los privilegiados.

Rezan oraciones falsas.

Oran por cosas que *quieren*.

Dios, ayúdame a ganar este partido.

Dios, haz que mamá me compre ese vestido.

Dios, consígueme una nominación a los Oscar.

Dios, déjame comprarme ese yate.

Oraciones de clase media.

Debemos dejar de pedir a Dios que responda a esa clase de oraciones.

Está ocupado intentando conseguir un nuevo juego de neumáticos.

quinta parte

PASAR PÁGINA

23 DE OCTUBRE DE 1999

DESPUÉS DE MÁS DE TRES AÑOS en la carretera, *Ms. Hud* y yo empezábamos a anhelar una vida un poco más doméstica: sábanas más limpias, una cocina completa y algo más de presión en el agua sonaba como el Shangri-La, de modo que decidí alquilar una casa de dos dormitorios en el pequeño y tranquilo vecindario de Tarrytown, en el corazón de Austin. Además de los otoños, y de haber ido a la universidad allí, me gustaba Austin porque siempre me ha permitido ser yo mismo. Realmente ese es el secreto de por qué Austin es tan genial; allí solo tienes que *ser* tú, y a Austin le gusta que lo seas. Nunca ha necesitado ver pruebas de mí en una imagen, simplemente siempre se ha alegrado de verme.

Tarrytown era el tipo de barrio donde los perros iban sueltos, los niños podían perseguir una pelota por la calle sin estar pendientes de que pasaran coches y los abuelos no habían cambiado nunca de dirección porque habían nacido allí. Tenía un jardín del que ocuparme, un vaporizador del que aspirar antes de hacerlo *y* la temporada de fútbol americano de mi alma máter que ver en directo.

Caía la tarde del sábado en el Darrell K. Royal Memorial Stadium cuando mis Texas Longhorns, decimoctavos en la clasificación, vencían a los invictos y terceros en la clasificación Nebraska Cornhuskers por 24-20, propinándole a los Huskers la única derrota de la temporada. La ciudad estaba eufórica y yo también. Había que celebrarlo.

Salí de fiesta toda la noche hasta el domingo, y también todo el domingo por la noche, sin dormir nada.

SI ESTÁS LO SUFICIENTEMENTE COLOCADO, EL SOL SIEMPRE BRILLA.

Finalmente, a las 2.30 del lunes decidí relajarme. Era el momento de apagar las luces, desvestirme, abrir la ventana y dejar que la esencia de jazmín procedente del jardín inundara la casa. Era el momento de fumarme una pipa de marihuana y escuchar los bonitos ritmos melódicos africanos de Henri Dikongué en mis altavoces. Era el momento de coger mi set de percusión y seguir el ritmo del blues *antes* de que llegasen a Memphis, con mi tambor favorito de procedencia afrocubana, nacido de un rito y con don de lenguas, las congas.

Para mí, las congas, los bongos y el yembé siempre han sido los instrumentos más puros e instintivos. Sin baquetas, sin electricidad, sin ecualizador, sin cuerdas, sin técnicas ni arreglos, solo piel con piel con el lenguaje, la oración y la danza más analógicos conocidos por el hombre: la percusión. La raíz de la música procedente de las raíces de la música, África. Era el momento de perderme en ello, echar a volar hacia la bruma y deslizarme en el sueño. Era el momento de una *jam session*.

Lo que no sabía es que mientras yo aporreaba los tambores completamente eufórico, dos policías de Austin también pensaron que *era el momento* de irrumpir en mi casa sin previo aviso, someterme con sus porras, esposarme y sujetarme en el suelo.

—Ohhh, mira a quién tenemos aquí —afirmó el policía matón con un corte de pelo militar, con *aspecto* de Nebraska Cornhusker, mientras leía el permiso de conducir que había cogido de la mesa de centro.

Luego agarró la pipa de agua.

—Y mira lo que tenemos aquí. Señor McConaughey, está detenido por alteración del orden público, posesión de marihuana y resistencia al arresto —declaró con orgullo mientras se ponía en cuclillas encima de mí, la rodilla en mi espalda.

—¡Que te jodan, hijo de puta! ¡Habéis irrumpido en mi casa! ¡Claro que me he resistido!

—¡Basta! —gruñó, y luego me levantó—. Vamos a llevarte al centro de la ciudad.

El otro oficial, el más civilizado de los dos, cogió una manta del sofá y la envolvió alrededor de mi cuerpo.

—¡Ohhh, no! —ladré—. ¡No me voy a poner *una mierda* encima! ¡Mi culo desnudo es una *prueba* de que me estaba dedicando a mis propios asuntos!

Me condujeron fuera a través de la entrada del patio, de camino a la calle. Todavía desnudo y reacio a someterme a la inevitabilidad de mi situación, relativicé y decidí que sería una buena idea *impulsarme en las paredes* a izquierda y derecha del pasadizo con verjas y dar un *salto mortal hacia atrás por encima* del policía Cornhusker, que me escoltaba por detrás. Mi razonamiento era que a medio vuelo, estando al revés en el aire, *adoptaría una posición de salto hacia dentro y deslizaría las muñecas esposadas por debajo del trasero y luego por encima de las piernas*, y entonces aterrizaría *detrás* del Cornhusker, ahora con las manos encadenadas *frente* a mí. Mi lógica en ese momento era que después de haber llevado a cabo un truco tan extraordinario, digno de Houdini, los oficiales se quedarían tan impresionados que derogarían la detención y me liberarían. Lo sé, es una idea estúpida, pero recuerda que llevaba treinta y dos horas y media de celebración.

Nunca sabré si mi plan de acción era físicamente posible o no. Nunca sucedió. *Antes de poder dar tres pasos pared arriba*, el cuerpo de Cornhusker me arrojó de nuevo al camino de ladrillo.

Mientras tanto, la noticia sobre a quién acababan de arrestar se había propagado por el escáner policial, porque en la calle había seis coches de policía con las luces encendidas y cerca de cuarenta vecinos.

—¿Seguro que no quiere esta manta? —preguntó de nuevo el policía civilizado.

—¡Ni de coña! ¡Esto es una *PRUEBA* de mi inocencia! —grité para toda la manzana e incluso para una más allá.

Me bajaron la cabeza, me metieron en la parte trasera del coche patrulla y me llevaron a la comisaría. Al llegar, y después de declinar por tercera vez la oferta de ponerme una manta, nos dirigimos a la entrada del Departamento de Policía de Austin.

En la doble puerta de admisiones, un recluso que trabajaba allí, de dos metros, 130 kilos, tatuado, me dio la bienvenida. Me acercó un par de pantalones naranjas institucionales de convicto. Antes de que pudiese decir ni una palabra, le dije:

—Prueba de mi inocencia, tío.

Él simplemente me miró y me pareció que lo entendía, pero sabía más que yo.

—Todos somos inocentes, tío. Confía en mí: *sí* quieres ponértelos.

Tal vez fue su mirada honesta, o el hecho de que fuera un colega delincuente, o quizá que de repente me di cuenta de que, cuando un presidiario de dos metros de cuerpo muy musculado te dice que «vas a querer ponerte unos pantalones antes de entrar en el trullo» es mejor hacerle caso.

—Vale.

Se puso de rodillas, abrió las perneras de los pantalones carcelarios y los sacudió hasta que la cintura elástica estuvo alrededor de la mía. Entonces me dirigí a chirona.

A las 9.30, con el pedo de treinta y dos horas y media convertido en resaca, estaba sentado en un rincón de la celda cuando aparecieron dos personas al otro lado de las rejas.

—Señor McConaughey, soy el juez Penny Wilkov, y este es el abogado defensor Joe Turner.

Un oficial de guardia abrió el cerrojo de la puerta de la celda.

—Sr. McConaughey, no sé cómo una llamada por alteración del orden público ha escalado hasta una falta de clase A de resistencia al arresto y a una falta de clase B de posesión de menos de sesenta gramos de marihuana —dijo el juez—, o por qué dos de nuestros agentes de policía entraron por la fuerza en su casa sin avisar. Voy a desestimar las faltas de alteración del orden público y posesión y a otorgarle una fianza personal con obligación de comparecer ante el juzgado por el delito de resistencia a la autoridad. No entiendo cómo se ha intensificado de este modo la situación ni estoy de acuerdo con ella.

—De acuerdo, juez Penny, no estoy seguro de qué significa todo *eso*, pero yo tampoco —dije.

Joe Turner, que era el mismo abogado que había defendido con éxito a Willie Nelson años antes en un caso de posesión, expresó su opinión:

—Juez, todos estamos de acuerdo con que esta situación se fue de las manos muy rápido, ¡pero también debe entender que estos policías literalmente allanaron la casa de este hombre mientras tocaba los bongos como Dios lo trajo al mundo! ¡La resistencia al arresto fue en defensa propia! Mi sugerencia es que lo desestime todo y que mi cliente declare por una falta de clase C de violación de la ordenanza del ruido porque sí estaba aporreando esos bongos a un volumen bastante alto para ser las 2.36 de la mañana.

—Trato hecho, caso cerrado —dijo el juez.

—¿Qué significa *eso*? —pregunté.

Joe sacó su cartera, cogió una factura de cincuenta dólares, la hizo ondear en mi cara y luego me miró y dijo:

—Significa que yo pagaré la tarifa para que salgas de la cárcel y que me debes cincuenta dólares. Puedes irte. Tengo un coche esperándote en la entrada de atrás, o puedes reunirte con la prensa en la entrada delantera; hay muchos esperando. Aquí hay una mochila con ropa limpia que tu vecino ha dejado para ti.

Les di las gracias, me vestí en el aseo, me eché agua fría en la cara y traté de expirar la tristeza que estaba empezando a instalarse en mí. ¿Y por qué tristeza?, os preguntaréis. Bien, obviamente tuve suerte al poder salir de la cárcel con solo cincuenta dólares menos; esto no le sucedía a todo el mundo a quien capturaban por cargos como resistencia a la autoridad y posesión de marihuana. El problema era, como ya he explicado, que en mi familia no nos metíamos en problemas por *cometer* el delito, **nos metíamos en problemas si nos atrapaban**. No me criaron para terminar en la cárcel, por nada ni por *ningún* periodo de tiempo, y aunque era una infracción que había cometido muchas veces y que cometería muchas otras *más*, me habían atrapado, y me sentía culpable por ello. Lógica proscrita.

Buscando algo de consuelo valiente, decidí llamar a mi madre antes de decidir de qué manera saldría de mi primera estancia en la cárcel. Quizá fue por el hecho de que, aunque estaba seguro de que no mostraría clemencia por mis circunstancias, al mismo tiempo sabía que se pondría una copa y brindaría por cómo había llegado hasta allí. ¿Iba a responder *ella* al teléfono o sería aquella nueva seguidora fanática? No lo sabía. Resultó que fueron las dos.

—¡¿Que ellos *qué*, Matthew?! ¿¡Irrumpieron en tu casa!? Esos hijos de puta, tú mantén la cabeza bien alta —me gritó—. No hay *nada* malo en fumar algo divertido y tocar tus tambores desnudo en tu propia casa; ¡¿quiénes se creen que son entrando en tu casa de esa manera?!

Justo lo que necesitaba. Colgué y decidí andar hacia la multitud mediática de la entrada delantera en lugar de escabullirme por detrás.

LUZ VERDE.

Dos días después, las camisetas BONGO NAKED («bongó desnudo») estaban por todo Austin.

Enmarqué esa multa por «violar la ordenanza del ruido».

El policía «*Cornhusker*» *fue expulsado del cuerpo policial* tiempo más tarde.

Joe Turner consiguió que retirasen de mi expediente el arresto con resistencia y restauré mi virginidad, revirtiendo mi vida criminal.

Pero mis dos días seguidos de fiesta tuvieron otras consecuencias.

Con la ayuda de un editor del periódico local, que publicó irresponsablemente una foto de mi casa *con* la dirección en la portada de la sección Metro, mi residencia en Tarrytown pronto se convirtió en una atracción turística, incluso para la gente de la ciudad. Gente de buen corazón me dejaba paquetes de seis cervezas, diferentes tipos de tambores y mucha hierba. Era divertido y generoso, pero transformó la calle de nuestro tranquilo y pequeño vecindario como si fuera South Bundy Drive de Brentwood, en Los Ángeles. Ya no había perros sueltos ni niños persiguiendo pelotas que rebotaban en la calle sin mirar.

La fama puede cambiar a las personas, pero en este caso cambió un lugar. Mi anonimato se había esfumado de nuevo, no era justo para mí ni para mis vecinos que siguiese viviendo allí, porque la paz que había encontrado en Meadowbrook Drive había sido perturbada. Todos protestaron intensamente por mi desalojo, pero no tenía otra opción. Era el momento de decir adiós en lugar de hasta luego. *Ms. Hud* y yo hicimos las maletas, rescindimos el contrato de arrendamiento y nos dirigimos de nuevo al oeste.

Nadie se mete en problemas por lo que hace, solo se meten en problemas cuando los atrapan.

El arte está en salirse con la tuya.

El forajido no vive en los límites, vive en el centro, circulando a velocidad constante a través de la estela.

Enero de 2000. Con una inminente huelga de actores y actrices y unas pocas películas desde mi último éxito en taquilla, necesitaba de todos modos volver a Hollywood e introducirme de nuevo en el meollo. Tenía que estar en la línea de visión de la industria, patearme la ciudad, hacer reuniones, estar cerca de los creativos que tomaban las decisiones.

Ni los resultados en taquilla de *Los Newton Boys*, *Contact*, *Amistad*, *EDtv* y *U-571*, ni mis actuaciones en ellas, habían cumplido o elevado las intensas expectativas de *Matthew McConaughey* en la industria cinematográfica después de *Tiempo de matar*. Las ofertas de estudios dramáticos de primera categoría que estaba buscando ya no me llegaban. Seguía siendo una estrella rentable, pero mi brillo se había atenuado, había perdido algo de *fuego*, como lo llama la industria, y también estaba perdiendo pelo.

Con la huelga acechando y Hollywood peleando para poner en marcha tantas producciones como fuera posible antes del parón, recibí una oferta monetaria *por encima de mi valor de mercado* para interpretar al protagonista, junto a Jennifer López, en *Planes de boda.* Leí el guion, parecía divertido, la oferta era generosa y estaba listo para trabajar. El rodaje empezaba en dos semanas en el centro de Hollywood. Acepté, y *Ms. Hud* y yo fijamos nuestra nueva dirección en el legendario hotel Chateau Marmont, en el corazón de Tinseltown. Sí, donde John Bonham de Led Zeppelin conducía su moto por el vestíbulo y John Belushi falleció por una sobredosis de cocaína en el bungaló 3.

Listo para el *rock'n'roll*, en compañía de las congas, cobré aquel sustancioso cheque del estudio, me compré un par de pantalones de cuero y una moto Triumph Thunderbird, dejé una cuenta abierta de 120.000 dólares en el Chateau y conseguí una llave para mi habitación hasta cuandoquiera que quisiera entregarla.

Actuar en una comedia romántica fue algo distinto a todo lo que había hecho antes. Diseñadas para ser *luz*, no ligeras, se construyen para el optimismo, y aprendí a disfrutar de saltar de una nube a otra, que es lo que uno tiene que hacer para mantener a flote ese tipo de filmes. Me di cuenta enseguida de que, al contrario que en la interpretación dramática, no puedes *echar el ancla* y *confiar en la humanidad* en una comedia romántica, no sea que hundas el barco. Disfruté de este tipo de actuación, todo fueron luces verdes, como un *personaje de sábado* en una historia que era una cadena de sábados.

Al volver al Chateau siempre era sábado, una vida fácil, y yo estaba *en* ello de nuevo, me había comprometido con *mi hombre.* Ansioso por bailar con mis demonios en lugar de pelear contra ellos, tenía muchas ganas de salvar el abismo, de negociar un trato con ausencia de restricciones y ver si podía salir ileso.

Mis días de «sería grosero no hacerlo» y «no tengo por qué hacerlo, así que lo haré» llevaron a muchas mañanas de «no lo sé» y «vamos a olvidarlo». Ya sabes cómo va, cuando no estás en condiciones de hacer nada normalmente no llega nada bueno.

Soltero, próspero, honesto y disponible, disfrutaba de la transitoriedad de un hotel de lujo que favorecía las maldades: transacciones; flirteos; aventuras; renta para alquilar, no para poseer. Llevaba los pantalones de cuero. Conducía la Thunderbird. Me duchaba muchas veces al amanecer, raramente solo. Formaba parte de todo.

Acepté con los brazos abiertos la diversión, mi fama y las horas sin límites. Cuando no estaba trabajando leía guiones mientras me bronceaba en la piscina, escribía poesía, invitaba a algún amigo a comer, salía a pasear con *Ms. Hud*, iba a correr y luego me preparaba para dar un paseo bajo las luces de Hollywood. Con una vida diseñada para la comodidad, las aventuras nocturnas podían desarrollarse *a pie*, lo cual era una ventaja teniendo en cuenta mi gusto por las degustaciones liberales. Me reunía con amigos para cenar y finalmente volvía al Chateau para una juerga nocturna de canciones, danzas y algún que otro combate de lucha libre. Ciñéndome de nuevo a lo local y lo personalizado, también tenía la llave de la cocina del hotel, que usaba a conveniencia para buscar y cocinar filetes a las tres de la mañana.

besa el fuego y aléjate silbando

Trago vitaminas con mi propia cerveza,

masco más tabaco del que debería,

me arrastro y persigo la luna

y duermo con mujeres que cabalgan sobre escobas.

Solo para poder besar el fuego y alejarme silbando.

Luego me ofrecieron el papel de Denton Van Zan en la película *El imperio del fuego*. Van Zan era un cazador de dragones rudo y apocalíptico que mascaba puros, se comía el corazón de todos los dragones que mataba y llevaba un enano en el hombro. La parte del *enano en el hombro* finalmente fue excluida del guion, pero a mí siempre me encantó. Inmediatamente entendí y sentí la necesidad de interpretar a un personaje como Van Zan. Un hombre con una constitución singular, solo que no hacía lo que podía para sobrevivir, sino que hacía todo lo posible para negarse a aceptar la extinción. Un lobo solitario cuya libertad era su aislamiento.

Tal vez fue el derrotero hedonista de dieciocho meses en el que había estado inmerso durante mi estancia en el Chateau (el alcohol, las mujeres, la gula). Tal vez fue un retroceso agresivo para distanciarme de las falsedades efervescentes de mi reciente castración en la comedia romántica; tal vez eran ambas cosas y unas cuantas más. De cualquier modo, sentía que era el momento de volver a ganarme los sábados. Necesitaba algunas luces amarillas.

Me había estado cuestionando mi propia existencia y había estado buscando el sentido de mi vida desde que tenía recuerdos, pero ahora, por primera vez, también me cuestionaba la existencia de Dios. ¿Una crisis existencial? Yo lo llamaría un desafío existencial, uno para el que estaba preparado. No fue tanto que dejase de *creer en Dios* como que me obstiné en la autosuficiencia y la responsabilidad de mi libre albedrío. Ya había tenido suficientes excusas sobre el destino, estaba listo para ser mi propio jefe, la persona a quien culpar *y* absolver, necesitaba reconocer que eran *mis* manos las que estaban al volante.

Cansado de irme de rositas sin apuros, estaba harto de perdones inmerecidos, falsa compasión, el protocolo de modales y gracias y el sentimiento de autoindulgencia. Vivir el futuro cuando tal vez deberíamos estar corriendo hacia el semáforo en rojo parecía misión imposible. Lo suficientemente valiente para decir que era solo culpa mía en mis oraciones pero aún lo bastante asustado para seguir rezando, le di alas a la idea de que quizá *todo sería en vano*, y dejé de *hacerlo por algo*.

—Dios, si estás aquí —rezaba—, espero que valores a un hombre que no se alejará del sudor que implica ganar en autodeterminación. Espero que recompenses a un hombre que ha decidido dejar de esconderse tras la fatal y ciega creencia de que todo está en tus manos.

Las botas de Van Zan eran de mi talla; estaba listo para lucirlas.

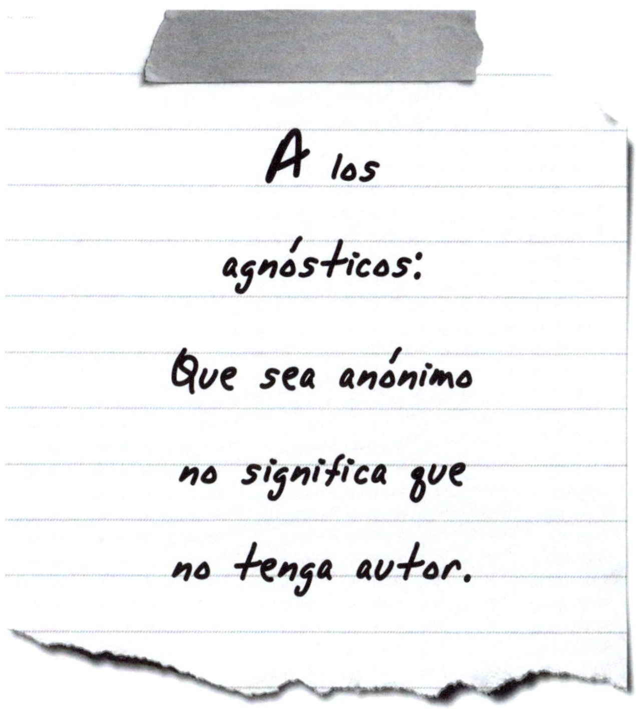

Acepté la oferta e inmediatamente me rapé la cabeza. ¿Por qué? Bueno, podría decirte que era mi visión del personaje o que sabía que si lo hacía molestaría al estudio y estaba buscando pelea, pero realmente fue porque, como he dicho, estaba perdiendo pelo.

Hacía poco que había empezado a usar un producto para la reparación del cabello llamado Regenix que requería aplicación tópica dos veces al día. También había leído que afeitarse la cabeza podía mejorar

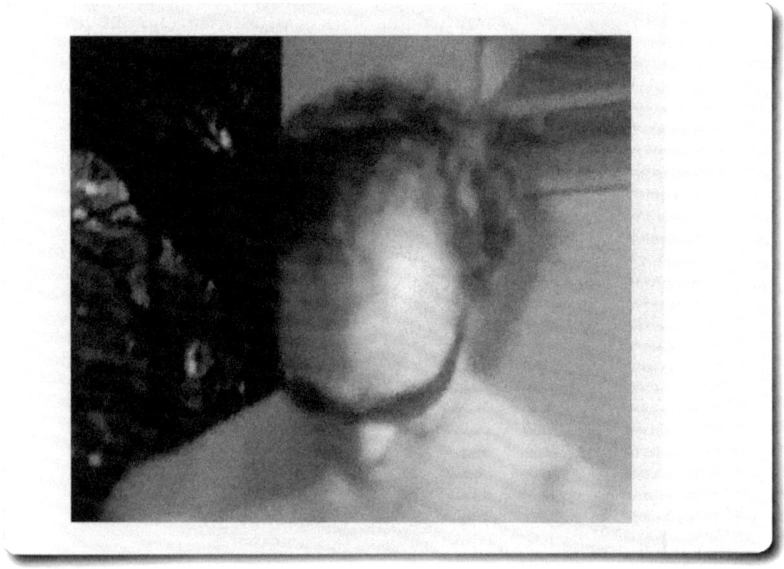

las probabilidades de una regeneración más abundante, de modo que, siendo yo un hombre que aprecia el valor de la vanidad, si iba a interpretar a Van Zan este iba a tener la cabeza afeitada.*

No sé si te has rapado la cabeza alguna vez, pero si lo has hecho sabes que la cosa puede estar un poco desagradable ahí abajo. Yo tenía marcas en el cráneo, una mancha de psoriasis, y mi cuero cabelludo estaba blanco como la tiza. Los *paparazzi* consiguieron una foto mía el día después de haberme afeitado la cabeza, y aquella imagen apareció en la revista *People* la semana siguiente.

Pronto recibí una llamada.

—Dime que *no* te has afeitado la cabeza —enunció una voz amenazante en un susurro.

Para preservar su privacidad no mencionaré su nombre, pero era un ejecutivo de estudio de primer nivel que había hecho una inversión financiera muy importante en *El imperio del fuego*.

* Después de un apretón de manos aborigen con un amigo que *garantiza que algo en lo que dos personas coinciden sucederá si ambas lo creen*, y después de dos años de aplicarme Regenix con esmero en el cuero cabelludo todos los días, mi pelo volvió a nacer mejor que nunca, y todo empezó con un buen afeitado de cabeza.

—Sí, me la he afeitado —dije sin rodeos.

—No, no lo has hecho, me niego a creerlo, Matthew. Solo llevas un gorro de calvo para hacer una broma —dijo, de nuevo enunciando, no preguntando.

—No... Me he *afeitado* la cabeza.

Colgó.

Aquella tarde, la recepción me entregó una carta manuscrita en mi habitación.

En nuestra conversación de esta mañana, señor McConaughey, usted se ha negado a admitir que realmente no se había afeitado la cabeza.

Si está negando este hecho, por favor, aclárelo para que podamos continuar el viaje de hacer esta película juntos.

Si es cierto que se ha afeitado la cabeza, esto sería una tragedia, un traspié muy importante, y un acto que podría traerle muy ***mal karma***.

Sí, había subrayado y puesto en negrita **mal karma**.

«*Bueno* —pensé—, *debería patearle el trasero a este tío por sacar a relucir la sombra del karma, pero la cabeza afeitada suena verdaderamente como un factor no negociable.*» Hum. ¿Esa pelea que estaba buscando? Ya la tenía.

Con los años había aprendido algunas cosas sobre el ajetreo de Hollywood. Para empezar, es mejor jugar según tus propias reglas del juego en el negocio de Hollywood que hacer negocios según las reglas del juego de Hollywood. Tienes que *pillar la broma*, y la broma es que nada es personal. Desde los *te quiero* hasta las llamadas no devueltas cuando tu última película no se ha estrenado, te recogerán en una limusina, pero tendrás que coger un taxi para volver a casa. No es nada personal; solo es un negocio.

¿La amenaza del mal karma? No era personal, pero sí era arrogante, displicente y de muy mal gusto. Era el momento de superar su gesto.

supersticiones

El otro día fui a un Quik Mart de carretera

y compré una barra de caramelo y una cerveza.

El total ascendía a 6,66 dólares en la caja registradora,

así que pagué al cajero.

Y dejé un centavo en el platillo de «si necesitas uno, coge uno; si has cogido uno, deja otro».

Aquel fin de semana se iba a celebrar una gran fiesta de la industria de Hollywood. Todos los altos ejecutivos y los peces gordos iban a estar allí, y seguramente también el señor Mal Karma.

Compré un traje azul de Gucci de tres piezas y corte personalizado a juego con mis ojos. Me bronceé la cabeza pálida junto a la piscina cuatro horas diarias durante los cinco días siguientes, y luego engrasé mi ahora bellamente dorado cuero cabelludo con un poco de aceite —no de visón— hasta que quedó tan reluciente que hubiese puesto celoso a Dwayne Johnson "The Rock". Y entonces fui a esa fiesta.

No vi a Mal Karma. No tenía por qué verlo. La gente se fijó *en mí*, especialmente las mujeres. Y la gente se percató de que ellas se fijaban.

El lunes siguiente mi teléfono volvió a sonar. Mal Karma al aparato.

—Al principio me asusté, pero he cambiado de opinión, Matthew. ¡Me *encanta* la cabeza afeitada! Es original. ¡Y estás muy guapo! Me encanta.

Puse un centavo en el platillo.

LUZ VERDE.

Algunas personas quieren que
el aire acondicionado esté
encendido en el gimnasio
para no sudar.
Yo llevo gorro de lana en julio,
así que sudaré.

Tenía dos meses para prepararme y ensayar para convertirme en *mi hombre*, Van Zan. Necesitaba aislarme, así que decidí ir al rancho de mi hermano, LocaPelotas, en el oeste de Texas, a veintisiete kilómetros de la localidad más cercana, de 518 habitantes. Muy solitario, seis mil hectáreas, caluroso como el infierno en mitad del verano; un sitio perfecto para prepararme para matar dragones. Lo siguiente fue idear mi propio régimen de entrenamiento diario de mente, cuerpo y espíritu de asesino de dragones. ¿Qué haría un asesino de dragones? ¿Cómo se entrenaría?

Tracé un plan que sería ejecutado en el clima de 42 ºC de mediados de julio:

1) TOMAR UN CHUPITO DOBLE DE TEQUILA TODOS LOS DÍAS AL AMANECER, ANTES DE SALIR DE LA CAMA. Sí, un asesino de dragones haría eso. Ten un aliento de fuego para vencer al exhalador de fuego, siente el fuego en tu interior nada más empezar el día. Para derrotar a un dragón, sé un dragón. Perfecto.

2) CORRER OCHO KILÓMETROS POR EL DESIERTO CADA DÍA, DESCALZO. CUATRO KILÓMETROS DE IDA, CUATRO KILÓMETROS DE VUELTA. Sí, para endurecer las plantas de los pies. Ahora tengo los pies tiernos, llevo zapatos. Tengo que endurecer las plantas de los pies. Además, los dragones tienen la piel dura y tengo que ser más como mi presa; sí, un asesino de dragones como Van Zan tendría las plantas de los pies duras, para mantener a raya la infección. Brillante.

3) MANTENER EL RITMO DEL CORAZÓN POR DEBAJO DE 60 PULSACIONES ESTANDO DE PIE EN EL BORDE EL TEJADO DEL ESTABLO A UNA ALTURA DE 12 METROS DEL SUELO. Sí, me dan miedo las alturas, pero a Van Zan no. Lo haré todos los días hasta que pueda mantenerme sobre mis talones con los pies por fuera del borde mientras mantengo un ritmo cardíaco en reposo por debajo de 50 pulsaciones. Sí, eso es lo que haré. Puto hacha.

4) CORRER HACIA LOS PASTOS TODAS LAS NOCHES A MEDIANOCHE Y DERRIBAR VACAS DORMIDAS. Sí, voy a hacer un intensivo de enfrentarme a las vacas; las derribaré, me pondré fuerte, corpulento, sí, eso es lo que haría un cazador de dragones. Eso es lo que haría Van Zan. Trato hecho.

Bueno, ¿y cómo fue?

Pues bien, la sexta mañana me atraganté con el chupito doble de Cuervo que me esperaba junto a la cama al amanecer. Y de nuevo la séptima mañana. Mala idea. Hecho.

La medianoche del noveno día un toro enorme me dio un cabezazo que me provocó una conmoción cerebral mientras intentaba tirarlo al suelo. Ups.*

Después de once días corriendo ocho kilómetros descalzo por la

* Una noche, el encargado del rancho, un hombre de setenta años de Nuevo México, oyó un rebaño de vacas asustadas y salió de su cabaña para ver qué pasaba. Fue entonces cuando vio mi culo desnudo en medio de la manada. Y así fue como el rancho tomó el nombre de LocaPelotas.

arena y las rocas del desierto a 42 ºC, se me formaron ampollas del tamaño de una ostra en la planta de los pies, y eran tan grandes y estaban tan hinchadas que ni siquiera podía andar, mucho menos correr. Uh-oh.

Y después de dos meses intentándolo, nunca me acerqué más de noventa centímetros al límite del tejado de aquel establo, e incluso así mi ritmo cardíaco nunca bajó de 125 pulsaciones. Buen intento.

Mi *régimen de entrenamiento para convertirme en un asesino de dragones* había fracasado miserablemente, pero la parte buena era que había experimentado mucho dolor, igual que cualquier cazador de dragones que se precie.

Con mi autoinfligido campo de entrenamiento básico para asesinos de dragones de sesenta días completado, me dirigí a Irlanda para rodar la película. Era una pasada estar dentro de Van Zan: un guerrero sin país, calvo y con un hacha de combate. Lo echo de menos. Los grandes personajes se ganan mi respeto, y Van Zan fue uno de los que no provocó tanta locura *fuera* de mi sistema como sí lo hizo en el mío. Elevó mis expectativas sobre lo que se necesita para sobrevivir y me recordó que el deber merece más la pena que las vanidades de la ventaja de jugar en casa. Su hacha de guerra todavía cuelga de la pared de mi despacho.

Finalizados los cuatro meses de rodaje en el frío y húmedo invierno irlandés, yo estaba física y mentalmente exhausto, y contento de poder descansar por fin y sanar mi cuerpo y mi mente, magullados y maltrechos. Espiritualmente era fuerte; desafiar mi confianza en la existencia de Dios para confiar más en la mía estaba demostrando ser una práctica muy valiosa. Como cuando murió mi padre, estaba practicando estar *menos impresionado y más involucrado*, una vez más.

Tres días después de terminar el rodaje, mientras disfrutaba de un sueño muy necesario en el Morrison Hotel, en la parte norte del río Liffey, en Dublín...

TUVE UN SUEÑO HÚMEDO.

Estaba flotando río abajo sobre mi espalda en el río Amazonas. Me envolvían anacondas y pitones. Estaba rodeado de cocodrilos, pirañas y unos cuantos tiburones de agua dulce. Hasta donde mis ojos podían ver, había hombres de una tribu en fila, hombro con hombro, en el cerro a mi izquierda.

Me sentía en paz.

Once fotogramas.

Once segundos.

Entonces me corrí.

Otra vez.

Sí, exactamente el mismo sueño húmedo que había tenido *cinco* años antes.

Había dos cosas en el sueño de las que estaba seguro. Una, que estaba en el río *Amazonas*, y dos, que los hombres de la tribu que estaban en el cerro eran *africanos*.

Era una señal.

Como ya había visitado el Amazonas y había probado físicamente que definitivamente estaba en Sudamérica, supe que era el momento de ir a África. ¿Pero qué zona de África?

Un par de noches después, mientras examinaba el atlas africano, preguntándome desde qué lugar de aquel enorme continente me estaba llamando mi sueño húmedo, estaba escuchando a uno de mis músicos favoritos, Ali Farka Touré.

Y entonces me llegó. Ali es conocido como «el *bluesman* africano».

«¿De dónde es?» Salté del sofá para coger la carátula del CD y leer las notas de la cubierta. «Niafunké, Mali», al norte de Mopti, junto al río Níger.

«Iré a buscarlo», me dije.

Había llegado el momento de perseguir la otra mitad de mi sueño húmedo.

A veces la decisión que tomas no es tan importante como tomar una decisión y comprometerte con ella.

Compré un billete de ida a Bamako, la capital de Mali, y luego viajé nueve horas haciendo autostop hasta la ciudad portuaria de Mopti, donde conocí a un guía llamado Issa que tenía un barco. Me presenté como «David» para mantener el anonimato y le expliqué que estaba buscando a Ali Farka. Navegamos río arriba hacia Niafunké al día siguiente.

Tras un viaje de cuatro días por el río Níger en una canoa de cuatro caballos de vapor con motor fueraborda llamada piragua, llegué a la

pequeña ciudad ribereña de Niafunké, donde, después de cinco horas de búsqueda, encontré a Ali en casa de su segunda esposa. Él no tenía ni idea de quién era yo, más allá de un viajero americano fanático de su música. Su segunda esposa nos preparó la comida y comimos de la forma tradicional maliense, sentados en el suelo, formando un círculo alrededor de un bol comunitario de arroz condimentado, sirviéndonos nosotros mismos con la mano derecha, nunca con la izquierda.*

Ali era uno de mis héroes musicales, pero también era, sin saberlo, la única parada obligatoria de mi viaje a la segunda superficie más grande

* En la religión musulmana, la mano izquierda es la que usas para limpiarte el trasero.

de la Tierra. Las únicas coordenadas geográficas que elegí para perseguir mi sueño: 15°55'55.92"N, 3°59'26.16"O (la latitud y la longitud de Niafunké).

¿Qué señal me proporcionaría mi estancia con él que pudiese conducirme al significado de los *hombres de una tribu en fila, hombro con hombro, en el cerro a mi izquierda en mi sueño húmedo del Amazonas*? Comimos, tocó algunas de sus canciones e Issa le tradujo mi pasión por su música al dialecto local, el bambara. Después le pregunté:

—¿Por qué solo actúa en África Occidental y en Francia? ¿Por qué no va de gira por otros países, como Estados Unidos?

Él respondió solemnemente:

«Porque allí sería una mierda seca, ni yo
ni mi esencia nos adheriríamos a ti.

Aquí soy una mierda húmeda: tanto yo como mi
esencia nos adherimos a ti.»

Al final del día nos abrazamos para despedirnos y luego Issa y yo volvimos a la piragua, sin destino conocido. «¿Y ahora qué? ¿Dónde quiere el sueño que vaya a partir de aquí?», pensé. Sin que se lo pidiese, Issa empezó a hablar.

—Hay un pueblo mágico en Mali llamado dogón. Los dogones poseen una transmisión extraterrestre del conocimiento de los hechos cosmológicos de las estrellas que conocían mucho antes del desarrollo de la astronomía. Huyeron a un lugar llamado Acantilados de Bandiagara para escapar de la invasión musulmana de más de mil años, donde viven ahora en pueblos junto a la orilla del río. Creo que es un buen sitio para visitar, Daouda («David» en bambara), un lugar que *recordarás*, propuso.

Otra sugerencia celestial.

«Recuerda —pensé—, mejor tener una esencia y ser recordado que no tener ninguna y ser olvidado.» Eso es. *Mierda húmeda*.

—Sí, vamos *allí* —dije.

Cargamos la piragua y nos dirigimos al Níger para un viaje de cinco días, primero hacia el norte, luego hacia el sur, para perseguir el resto de mi sueño húmedo.

De camino a Bandiagara paramos en la legendaria ciudad de Tombuctú. Centro de arte y aprendizaje, es un pequeño y tranquilo asentamiento comercial situado justo al norte del río Níger, en el lado sur del desierto del Sáhara.

Una noche, después de una tarde de correr con camellos en el Sáhara, Issa, dos de sus instruidos amigos —Ali (no Farka Touré) y Amadou— y yo estábamos terminando de cenar en el porche del restaurante del hotel cuando una guapa joven de unos veinticinco años se acercó, echando una *mirada* atenta a todas las mesas llenas de hombres. Obviamente era una chica de la noche y estaba buscando negocio.

—Oh, esto… esto no está bien —dijo Ali—. Es una mujer musulmana, y esta *no* es la manera musulmana de actuar. No vas y vendes tu cuerpo, esto es una deshonra, *no* debería estar haciendo esto.

—Bueno —replicó Amadou—, ninguno de nosotros debe juzgar lo que alguien debería o *no* debería hacer. No conocemos sus circunstancias particulares, lo que *haga* o *no* haga no es asunto nuestro.

Los dos hombres fueron de un lado a otro con esta conversación, que se volvió cada vez más animada, apasionada y ruidosa. En medio de lo que a mí me parecía una polémica, interrumpí en la primera pausa de su discusión.

—Estoy de acuerdo con Ali. Esto *no* es lo que debería estar haciendo. Es joven y tiene salud, debería estar esforzándose más por tener un trabajo respetable en lugar de escoger la prostitución a su edad joven y capaz. Creo que Ali está en lo cierto. Creo.

Justo entonces, Ali, el tipo *con quien yo estaba de acuerdo*, me gritó:

«Esto no va de lo que está bien y lo que está mal.
Es un "¡¿Lo entiendes?!"»

Algo aturdido, me recliné en la silla tímidamente mientras Ali me miraba fijamente como en una solemne venganza.

Finalmente, Amadou, *con cuya opinión yo no coincidía*, me miró y me preguntó amablemente:

—¿Entiendes *eso*?

Lo entendía.

—Sí —dije—. Lo entiendo, lo lamento.

A lo que Amadou, igual de intensamente y aún aguantándome la mirada, respondió:

«Será mejor que seas diferente, no que lo lamentes.»

Guau, acababa de recitarme una versión de lo que yo me hubiese dicho a mí mismo en Australia cuando me negué a llamar «mamá» y «papá» a los Dooley. Un doble revés de los proverbios africanos: no tratan de ganar discusiones sobre lo que está bien o lo que está mal. Tratan de entenderse unos a otros, lo cual es muy diferente. (Eh, América, podríamos aprender de esto.) A la mañana siguiente continuamos avanzando hacia los Acantilados de Bandiagara.

EDUCA ANTES DE ACUSAR

Un pueblo dogón en Bandiagara está compuesto por un pequeño grupo de chozas de barro. Los asentamientos, situados junto a la orilla del río, están separados entre ellos entre doce y veinticuatro kilómetros. Al llegar, el líder te recibe en el límite del campamento, donde, si le gusta lo que ve en tus ojos, te invita a pasar. Si no, continúas caminando. Yo siempre fui bienvenido.

Justo después del rodaje de *El imperio del fuego*, tenía la cabeza rapada, una barba enorme y estaba en buena forma física. Al llegar a Mali le dije a Issa y a todo el mundo que me preguntó que era escritor y boxeador de profesión. En Bandiagara no había electricidad, por lo que nadie me reconoció por mis películas, y no les interesaba la parte de que yo fuera *escritor*. Sin embargo, estaban *muy* interesados en la parte de que fuera *boxeador*.

La fama empezó a precederme antes de llegar a cada pueblo: «*Un hombre blanco fuerte llamado Daouda anda por estos lares*». Un día, después de que me presentase en un bonito pueblo llamado Begnemato, agotado después de la caminata de veintidós kilómetros para llegar hasta allí, me tumbé en el suelo para estirar las piernas. Dos hombres jóvenes se me acercaron enseguida, se quedaron de pie encima de mí y empezaron a hablar *hacia* mí, no *conmigo*, con un tono desafiante. Pronto empezó a congregarse una multitud.

—¿Qué dicen? —le pregunté a Issa, que se sentaba cerca.

—Dicen que son los campeones de lucha del pueblo y que quieren retar al *hombre blanco fuerte llamado Daouda* a un combate.

Continué estirándome en el suelo, analizando la situación, cuando de repente, los dos jóvenes salieron corriendo en direcciones opuestas mientras la multitud estallaba en un frenesí. Miré hacia arriba, y ahora, de pie encima de mí, había un hombre grande sin camiseta, con una condición física mucho mejor que la de los dos anteriores, con una bolsa de arpillera atada a la cintura. Señaló mi pecho, luego el suyo y luego a su derecha. La multitud subió a otro nivel. Volví la cabeza para ver de qué se trataba y vi a *más* aldeanos emocionados, todos rodeando un Gran-Hoyo-de-Tierra.

Entonces miré a Issa.

Sonrió.

—Este es Michel, él es el *verdadero* campeón de lucha del pueblo.

El corazón empezó a acelerarse, la multitud rugía. Fue entonces cuando escuché mi propia voz susurrándome al oído: «Acepta el reto o siempre te arrepentirás de no saber. Deja tu esencia». Me levanté poco a poco. Ahora de pie, a la misma altura que Michel, levanté el brazo derecho y señalé *su* pecho, y luego de nuevo el *mío*. Después me di la vuelta y caminé hacia el Gran-Hoyo-de-Tierra. Los aldeanos se pusieron como energúmenos.

Algunas personas buscan una excusa para HACER.
Otras buscan una excusa para NO hacer.

Siempre he sido aficionado a la lucha libre. De pequeño seguía la WWF y tenía unas habilidades decentes para hacer palanca defendiéndome como hermano pequeño de tres que era, pero esto era distinto. Estaba en medio del África rural, a más de 150 kilómetros de la línea telefónica más cercana, de pie en un Gran-Hoyo-de-Tierra. frente a un nativo africano corpulento que llevaba un zurrón de arpillera a modo de pantalones. ¿Cuáles eran las reglas? ¿Podías *golpear, morder, pelear hasta que solo quedase uno en pie*? No lo sabía, pero estaba a punto de averiguarlo.

Michel y yo estábamos de pie, cara a cara, y el jefe del pueblo daba vueltas a nuestro alrededor. Una gota de sudor empezó a resbalarme por la nuca cuando Michel movió el brazo derecho hacia el lado izquierdo de mi cadera y afianzó la mano en mis pantalones cortos. Luego me miró a los ojos y asintió. Entendí por su gesto que debía hacer lo mismo, así que lo hice, y me agarré firmemente al lado izquierdo de su marcada cintura. Entonces él agarró un puñado de mis pantalones cortos y lo puso en la parte derecha de mi cintura, y yo imité su movimiento. Con nuestras caras ahora a solo unos centímetros y los decibelios de la multitud en aumento, Michel bajó la frente hasta el punto débil justo debajo de mi cuello, encima de la clavícula, y la hundió allí. Yo enseguida hice lo mismo. Con los dos brazos pegados a la cintura del otro, nuestras frentes penetrando en la cintura escapular del otro, oreja con oreja, empezamos a *alejarnos* el uno del otro en una posición horizontal en tabla entrelazada, y luego hundimos los pies en la arena para anclarnos. Solo podía ver dos muslos abultados como el tronco de un árbol delante de mí, preparados para el ataque. El jefe puso las manos sobre nuestras cabezas como en un bautismo, y luego, mientras las levantaba rápidamente, gritó: «Taht!», lo cual interpreté correctamente como un «Ding ding».

Primer asalto. Cabeza con cabeza, dimos unas cuantas vueltas en círculo para medir la fuerza del otro antes de que Michel me levantase hacia arriba y *hacia* él, mi pecho hacia su cara, y luego me lanzase de golpe contra el suelo, dejándome sin aliento. Uno para él. La multitud aulló mientras se me subía encima rápidamente para intentar inmovilizarme. De espaldas, me volví para intentar evitar su agarrón, luego moví las caderas hacia arriba y puse la pierna derecha por encima de su cabeza y luego por debajo de su barbilla, y le golpeé la cabeza hacia atrás, al barro. Uno para mí. Durante tres o cuatro minutos nos perseguimos en círculos, nos lanzamos al aire y nos golpeamos contra el suelo, pero ninguno de los dos fue capaz de inmovilizar al otro. Finalmente, el líder se interpuso entre nosotros e interrumpió la lucha. Goteando sudor, ahora hiperventilando, levanté las manos por encima de la cabeza, tratando de recuperar el aliento. La sangre me corría por el cuello, mezclándose con pedazos de la barba arrancados de la cara durante la fricción, las rodillas y los tobillos me sangraban. Michel, con apenas una capa de sudor, estaba de pie, erguido, mirándome fijamente, ni un ápice de felicidad en su cara. Fue entonces cuando el jefe levantó dos dedos hacia el cielo y la muchedumbre llevó la histeria aún más al límite.

Cara a cara en medio del ring, tomamos de nuevo nuestras posiciones. Manos en las caderas, cabezas hundidas, oreja con oreja, nos atrincheramos y dejamos que el bautismo empezara de nuevo: «Taht!».

Segundo asalto. En Texas mi ventaja como luchador siempre eran mis piernas y glúteos robustos. Aquí, en el Gran-Hoyo-de-Tierra, en África, frente a Michel, me acordé de que no estaba en Texas. Más agresivo en este asalto, Michel empezó a atacar inmediatamente. Esqui-

vé su primer derribo y lo llevé al suelo de cabeza. Subiéndome encima de él desde atrás, puse en práctica uno de mis movimientos favoritos de la WWF, el Cangrejo de Boston, al revés.*

Justo cuando pensaba que lo había agotado, de algún modo me subió a su espalda y lo siguiente que recuerdo es estar sin aliento, con las piernas atrapadas entre sus tocones de tronco de árbol. Viendo las estrellas, luché por girar las caderas y soltar los tobillos que tenía agarrados a mí. Con las piernas de Michel aún rodeándome la cintura, me las arreglé para ponerme de pie, sus brazos sosteniéndolo desde el suelo. Me retorcí hasta que noté que una de sus piernas sudorosas perdía agarre y empezaba a resbalar por mi estómago. *Aquella* era mi oportunidad.

* El Cangrejo de Boston es un movimiento de la lucha libre profesional en el que el luchador tiene a su rival bocabajo y tira de sus piernas hacia arriba de modo que la espalda y las piernas del contrincante se doblan hacia su propia cabeza. En mi caso, tiré de la cabeza de Michel hacia arriba de modo que su espalda y su cabeza quedaron dobladas hacia sus piernas. Un Cangrejo de Boston, al revés, como en la fotografía de arriba.

Con su apretón de la muerte ahora debilitado, empujé sus piernas hacia abajo, me escapé de su reducción y salté encima de él y, con el brazo izquierdo alrededor de su cuello, luché por hacer una llave de cabeza. Incapaz de imponerla pero manteniendo aún la ventaja, permanecí enroscado con él en la tierra hasta que ambos terminamos completamente exhaustos, en un punto muerto. Fue entonces cuando el líder intervino y dio el combate por terminado. Poco a poco nos pusimos de pie y el jefe nos escoltó hasta el centro del Gran-Hoyo-de-Tierra, donde *levantó las manos de los dos* hacia el cielo en señal de victoria. La multitud berreaba.

Ambos sudorosos y desgastados, pero solo yo hecho un desastre, Michel y yo nos miramos con el respeto de después de la pelea cuando bajó la mirada y, de repente, salió corriendo del ring y se alejó del pueblo. La muchedumbre, que ahora incluía a *todos* los habitantes del pueblo, me envolvió con cantos de «¡Daouda! ¡Daouda! ¡Daouda!».

Todos los pródigos han sido fariseos antes,
todos los fariseos han sido pródigos antes.

Aquella noche, solo en un colchón de paja, me tumbé en el tejado de una choza de barro en el pueblo dogón de Begnemato, en medio de Mali, África, mirando al cielo, donde conté veintinueve estrellas fugaces. Soñando con los ojos abiertos, contemplé cómo la constelación de la Cruz del Sur se me revelaba por primera vez. Como el fulgor del grupo de mariposas luminiscentes que me había encontrado en el sendero peruano hacia el Amazonas, ahora estaba en la cuna de otra verdad. Era intervención divina, definitivamente una *transmisión extraterrestre de hechos cosmológicos*. ¿Una *sugerencia celestial*? Más como una ordenanza directa de Dios, y yo era el elegido en su iglesia. «Recuerda esto», declaré.

Todo porque *perseguí un sueño húmedo*, literalmente.

LUZ VERDE.

Mientras comenzaba a quedarme dormido en mis sueños de santidad superior, mi respiración sosegada quedó interrumpida casualmente por un conducto nasal bloqueado, el mío. Me senté y aspiré una abundante cantidad de mucosidad hasta la boca, luego me preparé para lanzar la masa considerable de flema solidificada tejado abajo.

¡*Fluuup*!

El escupitajo lanzado no llegó más que a doce centímetros de mi lengua enroscada antes de dar la vuelta en un efecto bumerán y estamparme la bola de mocos en toda la cara.

Me había olvidado de la mosquitera que había colocado antes sobre mi cabeza.

Increíble.

Nada te baja más a la Tierra que escupirte un salivazo en tu propia cara.

Créeme.

in·cre·í·ble

adjetivo

que no puede creerse; improbable que sea verdad:

tan grande o extremo que es difícil de creer;

extraordinario

Que no puede creerse.

Qué palabra tan estúpida. Un término grosero e irrespetuoso. Creemos que la usamos para adular y dar crédito: «Qué obra tan increíble»; «Qué película tan increíble»; «Qué acto de valentía tan increíble»; «Qué atardecer tan increíble».

¿Por qué definimos cosas que son sensacionales e impresionantes, cosas que realmente nos hacen *creer* más en ellas, con este pilar de la antonimia? Algo espectacular, fenomenal, excepcional y excelente definitivamente no *es increíble*.

¿Alucinante, magnífico, prodigioso y extraordinario? Sí. Acaba de pasar, terminas de presenciarlo, lo has hecho, *créelo*. *¿Inc*reíble? Justo lo contrario. Dale más crédito a lo asombroso.

Un hombre estrella un avión suicida contra el World Trade Center, llega el coronavirus, los huracanes hacen estragos, los fuegos queman, Enron es una estafa, el Gobierno nos miente, nuestro mejor amigo nos miente, nos mentimos a nosotros mismos, nuestra prometida dice «sí, quiero», nuestro hijo dice sus primeras palabras, un día encontramos una cura para el cáncer, morimos en paz. *¿Inc*reíble? No. Acaba de pasar, terminas de presenciarlo, lo has hecho, créelo.

Admite la existencia de la grandeza y los fenómenos, la excelencia y lo extraordinario, el placer y el dolor. Reconócelos como entidades auténticas, a la vez bonitas *y* terribles, trágicas y caídas del cielo. No seas ingenuo con los impresionantes logros del bien y la buena fortuna, ni inocente ante la capacidad de la humanidad para hacer el mal. No estés ciego ante la credibilidad de las bellezas naturales y los desastres. Nada de lo que Dios o la Madre Naturaleza hacen es *increíble*, *y si hay algo en lo que puedes confiar que sean las personas es personas*.

No te hagas el sorprendido, lo increíble sucede en cualquier momento; a veces es algo divino, a veces es un moco en tu cara. No lo niegues. Confía en ello, espéralo.

Créelo.

• «MDM (Matthew David McConaughey) sobre el crítico cinematográfico del diario Austin Statesman: "un deconstruccionista cínico que utiliza grandes palabras e insinuaciones descuidadas para impresionarse a sí mismo. Porque no tiene punto de vista, le cuesta reconocer uno, de modo que elige convertirse en un estúpido".»

¿Qué me dices de dos camellos en LocoPelotas?

RELIGIÓN: unir de nuevo... (la verdadera definición latina de re = de nuevo y ligare = unir).

No actúes como alguien, sé esa persona... en la interpretación, al viajar.

La capacidad para la paradoja es la medida de la fuerza espiritual y el signo más seguro de madurez (R. Johnson, Own Shadow, pág. 78). Ambas son verdad.

Mientras que la contradicción es estática e improductiva, la paradoja deja espacio para la elegancia y el misterio... j. k. livin, autopistas de 8 carriles, aforismos o sujetalibros (sin g en livin).

Somos los herederos de dos mitos que surgieron en el siglo XII.

1) El mito del Santo Grial. La relación de la individualidad y la búsqueda espiritual (MDM sobre experiencias y autonomía).

2) Tristán e Isolda. El poder del amor romántico. (R. Johnson).

El lenguaje rico en verbos es más poderoso (la mandorla, el movimiento, el río, la vida).
El lenguaje que se construye sobre sustantivos es débil (secular, antagónico, santurrón).
Si confías en los adjetivos y en los adverbios has perdido el rumbo (lujuria, semántica).
EL VERBO ES EL SUELO SAGRADO, EL LUGAR DE LA MANDORLA (R. Johnson)

← «mandorla» - une contrarios... crea vínculos... religión - donde la luz y la oscuridad se tocan
- el medio... pacificación...

— cielo
tierra
Poesía de «esto» es «aquello»... El cielo es la Tierra.

- Norby tiene una mandorla en el culo antes de saber cómo llamarla.
- MATEO 6:22: «Si tu ojo está sano, todo tu cuerpo estará lleno de luz».
- Soy egoísta, ya pienso en cómo usar esas verdades de forma autónoma... para tatuar, para impresionar, para activar... antes de pensar mucho en su esclarecimiento o de haber pasado página. Pero me gusta.
- Las mandorlas no dejan hueco para el remordimiento o la culpa, requieren trabajo consciente, no autoindulgencia.
- La culpa es una sustituta barata de la paradoja.
- La culpa es arrogante. Significa que hemos tomado partido y que estamos seguros de que tenemos razón.
- Perder el poder de confrontación es perder la oportunidad de la unidad. Perder la mandorla.

El mercado negro es con lo que trato... entra en él con lo mejor.
Disidentes - el Gobierno no trabaja «con» esta gente. El poder no se comparte con la plebe. De modo que los individuos deben ser emprendedores y entonces te lo «ofrecen» todo... a la hora de cenar, en cualquier ciudad, intercambio de dólares, paseo en ferry, a cualquier lugar... Es el «salvaje salvaje Oeste» con vendedores en cada esquina. Es parte de la diversión.

D - Adama Yalomba, una nueva banda maliense.

CONSEJOS para viajar - temporada, alrededores, guía.

La MANDORLA no es el gris de la neutralidad y el compromiso; es el lugar de la cola del pavo real y del arcoíris. (R. Johnson), «elegancia, misterio»

La experiencia de la mandorla es breve (señales, serendipia, epifanía, déjà vu, verdad...) y alegre. Es solo un destello momentáneo... luego volvemos rápidamente al mundo del enfrentamiento del ego y la sombra (no hay ninguna utopía cultural a la que volver... solo hay una mandorla religiosa que hay que intentar mantener en el interior... porque requiere un esfuerzo... diario... y el esfuerzo se convierte en las verdades que se revelan en los viajes en solitario y en la soledad).

Dejenne, en casa del amigo recién casado de Issa. Todos los tíos se juntan desde las 8.00 hasta las 20.00 durante una semana después de la boda. Un tipo se encarga el tío casado y una amiga de la mujer. Una semana para relajarse y divertirse, celebrar el matrimonio y la felicidad de modo que si/cuando más adelante haya una época dura o de infelicidad, los amigos estarán allí para recordar a la pareja esa época de felicidad.

En medio de toda la socialización, fumar, jugar a cartas, preparar un buen té, si alguien quiere arrodillarse en la alfombra y rezar solo tiene que «despedirse» de quienquiera que esté en la alfombra. Los otros continúan con el mismo entusiasmo que antes.

A la mañana siguiente preparé la mochila y me despedí de mis nuevos amigos antes de empezar la caminata de veinticuatro kilómetros hasta el siguiente pueblo. En el perímetro de Begnemato había un hombre de pie, esperándome: era Michel. Sin decir una palabra, puso la palma de la mano en la mía suavemente cuando me acerqué y procedió a andar conmigo los veinticuatro kilómetros enteros hasta el siguiente pueblo, agarrándome la mano todo el camino. Cuando llegamos, me liberó, se dio la vuelta en silencio y caminó los veinticuatro kilómetros de vuelta a Begnemato solo.

Aquella noche le dije a Issa:

—Tengo que hablar contigo sobre el torneo de lucha libre de ayer. ¿Cómo lo hice? Creo que me mantuve firme.

Issa soltó una risita y luego dijo:

—No, no, no, Daouda. Lo hiciste *muy* bien. ¡Todo el mundo creía que Michel iba a tener al hombre blanco fuerte llamado Daouda tumbado sobre su espalda en no más de *diez* segundos!

—¿En serio? —pregunté.

—Sí, en serio. Michel no es solo el campeón de *ese* pueblo, ¡es el campeón de *ese* pueblo y de tres pueblos más *atrás*!

—¡Ja! ¿Entonces gané? ¿Por eso todo el pueblo coreó mi nombre después?

«No se trata de ganar o perder, se trata de aceptar el desafío.»

—Cuando hiciste eso ya habías ganado —dijo Issa mientras me miraba y sonreía—. Vuelve, Daouda, y haremos *dinero*.

Y volví. Cinco años después. Michel tenía cuatro hijos y una cadera rota, así que no disputamos otro combate de lucha libre, pero sí me cogió la mano y caminó conmigo los veinticuatro kilómetros hasta el pueblo al día siguiente. Mierda húmeda, había dejado mi esencia.*

LUZ VERDE.

* En 2015 Issa vino a América por primera vez y se quedó tres semanas con nosotros. Estuvimos de vacaciones juntos en Grecia el año pasado.

la justicia que merece

Para apreciar completamente un lugar, un hombre debe saber que puede vivir allí.

Cuando todos sus malestares desaparecen y deja que el lugar se adueñe de él.

Necesita personalizar y localizar él mismo el lugar que visita,

hasta el punto en que sepa que podría vivir allí para siempre.

Entonces, y solo entonces, es verdaderamente aceptable que se vaya.

Dondequiera que estés, otorga al lugar la justicia que merece.

Regresé a Los Ángeles como un hombre nuevo otra vez, sintiéndome más lúcido y práctico que nunca. Otorgué a mi sueño húmedo *y* a la gente a la que me condujo la justicia que merecían, y mis justificaciones fueron devueltas con creces. Otro periodo de veintidós días hablando inglés de forma muy limitada y con conversaciones sobre todo gestuales me ofreció una experiencia solitaria pero a la vez comunal que me hizo sentir más en casa que nunca, e incluso me devolvió mi brillo. Con la tolerancia a las vanidades ampulosas cercana a cero, sabía que la vuelta a la vertiginosa y privilegiada existencia de Hollywood iba a ser todo un reto. Ya no me interesaba la vida de ciudad ni los caprichos transitorios y estaba listo para dejar atrás el Chateau, pero antes de encontrar una nueva residencia recibí una llamada telefónica. Era Pat, como siempre, con otra espléndida oferta de correrías que seguro que nos proporcionaría unas buenas risas como en los viejos tiempos.

«Eh, hermanito, vamos a jugar al golf en ese campo en Palm Springs, en La Quinta Resort. He reservado una habitación para dos noches, te pasaré a buscar el jueves por la tarde, jugaremos el viernes y el sábado y luego te dejaré de nuevo en Los Ángeles el domingo. *Pago yo.*»

Pat había estado pagando para que una empresa de asesoramiento sobre apuestas deportivas eligiese ganadores por él en los partidos de fútbol americano universitarios los últimos meses, y su dinero había sido bien empleado. Últimamente su asesor había estado en una carrera 27-2 contra la diferencia y Pat se había labrado una buena racha. Siempre me hacía feliz que Pat tuviese una buena racha de cualquier tipo, porque en líneas generales su suerte había sido terrible en comparación con la mía y la de nuestro hermano Rooster. En 1988, Pat perdió a su primera y única esposa, Lori, en un extraño accidente de coche, y después de eso y durante veintisiete años no se permitió amar o ser amado por otra «hembra» excepto sus perras *Neiman* y *Mollie*.* Como dice Rooster, «si no fuera por Pat, no entenderíamos el sufrimiento y tendríamos mucha menos compasión por la gente que pasa por momentos difíciles». Pat nos enseñó a perdonar. Por eso es mi talismán.

Con las ventanillas bajadas y «More Than A Feeling» de Boston retumbando a través de los altavoces, aparcamos la ranchera Ramcharger abollada y cubierta de polvo de Pat en La Quinta Resort a las 20.00 de aquel jueves, justo después del atardecer. Allí estaban el botones y el gerente, con traje y corbata, para recibirnos.

—Buenas tardes, caballeros, bienvenidos a La Quinta Hotel and Resort, ¿qué tal su viaje?

Con una cinta en la cabeza, una camiseta sin mangas y un par de chanclas, salí por la puerta del acompañante y dije:

—Un viaje genial, ¿cómo están?

El ruido de un perro grande ladrando resonó por todo el patio delantero mientras hablaba.

Los ojos del gerente se dirigieron a la fuente del sonido. En la cama

* Hasta el 27 de septiembre de 2015, cuando nació Emerie James McConaughey. Ahora Pat tiene una hija, y alguien a quien amar tanto como a Lori.

de la ranchera de Pat estaba su perra, una labradora negra muy nerviosa de 63 kilos llamada *Neiman*, que se paseaba de un lado a otro agresivamente, impaciente por hacer pipí.

—Hum, muy bien, señor…, muy bien —dijeron.

Mientras cruzaba con toda tranquilidad hacia la parte trasera del automóvil para ir a buscar nuestras maletas y los palos de golf, el gerente y el botones se mantuvieron a distancia.

—¿Puedo preguntarles si tienen pensado que el perro se aloje con ustedes? —preguntó el gerente.

—Sí —respondí.

—Bien, señor…, hum, no se permiten perros en el hotel.

Mientras descargaba los palos de golf, sin titubear, agregué:

—Oh…, bueno, es la perra guía de mi hermano.

Me aseguré de decirlo lo bastante alto para que Pat, que justo entonces estaba saliendo del asiento del conductor, pudiese oírme. Como si lo hubiese ensayado, Pat levantó el brazo izquierdo por delante de él y simuló que buscaba el borde de la ranchera, lo encontró y se agarró a él para ponerse en pie con firmeza.

—Espera, Pat, ¿estás bien? —pregunté.

Pat, con los ojos entornados, puso la otra mano en el borde del vehículo para asegurarse.

—Sí, amigo, estoy bien. ¿Ya estamos aquí?

El gerente bajó ligeramente la barbilla, avergonzado, y luego me miró con una cara que me dio la seguridad de que no había atado cabos acerca de la inverosimilitud de que *mi hermano ciego condujese*. Mi truco de mente intrépida de Jedi había funcionado. Le puse la correa a *Neiman*, la bajé de la ranchera y la llevé junto a Pat.

—*Aquí* tienes a *Neiman*, Pat —dije, y Pat interpretó perfectamente a un hombre ciego ahora relajado porque tenía a su perra guía de confianza al lado.

—¿Estás bien? —pregunté.

Pat hizo su mejor imitación de Dustin Hoffman en *Rain Man* y dijo:

—Pat está bien, *Neiman* a la correa.

Realmente aquello no tenía sentido porque debería fingir ser ciego, no autista, pero me dejé llevar.

El gerente y el botones cogieron nuestro equipaje y lo cargaron en una carretilla.

—Por aquí, señor McConaughey —ofrecieron, y empezaron a guiarnos hasta nuestra *suite*.

Neiman no interpretó tan bien su papel como mi hermano y yo. En lugar de *guiar* a Pat, *tiraba* de él a izquierda y derecha, meando en todos los matorrales y ruedas de Mercedes a la vista.

—Cuarenta pasos en línea recta —le dije a Pat.

—Cuarenta pasos, sí, cuarenta pasos —respondió a nadie en particular.

El gerente y el botones, ahora muy considerados y un poco avergonzados por su anterior cuestionamiento sobre el perro de *servicio*, nos escoltaron hasta la habitación, abrieron la puerta, metieron el equipaje y, con un exceso de cortesía, se aseguraron de que *Neiman* y Pat entrasen en la habitación sin problemas. *Neiman* inmediatamente empezó a derribar muebles, a saltar encima de la cama y a babear en las ventanas.

—¡Ya hemos llegado, Pat! ¡Aquí es donde nos alojaremos los dos próximos días! —dije, en voz muy alta por alguna razón, como si Pat también fuera sordo.

—Bien, bien, ¡aquí es donde nos alojamos! —respondió Pat con los mismos decibelios, todavía entornando los ojos y sacudiendo la cabeza a izquierda y derecha como Stevie Wonder.

El gerente y el botones empezaron a retroceder hacia la puerta de la *suite*.

—¡Espero que les guste la habitación! ¡Les damos las gracias por alojarse con nosotros! —dijo, también elevando la voz—. Esperamos que tengan una estancia agradable, si necesitan *cualquier cosa*, ¡por favor, háganoslo saber!

—De acuerdo, gracias. ¡Pat! ¡Da las gracias a estos señores tan amables!

—Gracias, señores amables, gracias. —Pat asintió, obstinándose en su mejor Raymond Babbitt.

Cuando cerraron la puerta, Pat y yo nos tiramos al suelo riéndonos.

—Muchas gracias, *Neiman*, ¡casi lo echas todo a perder!

A la mañana siguiente, Pat y yo estábamos en el punto de salida para nuestro primer golpe a las 8.09. Empecé yo, luego mi *hermano ciego* Pat salió con un *drive* de 275 metros por el centro de la calle. Pat conducía, y saltamos al carro dispuestos a empezar un día en el campo de golf cuando, de repente, el gerente del hotel y un guardia de seguridad se pusieron rápidamente a nuestro lado.

Seguro de que nos había pillado pero esforzándose por continuar siendo un profesional, el gerente dijo:

—Buenos días, señores. Uhm… ¿qué hay del perro?

Me miró, y luego a Pat. Nos quedamos mirándolo fijamente como si hubiese hecho una pregunta retórica.

—¿Sí? —dije.

—Pensaba que habían dicho que era su perro *guía*.

«Oh, mierda —pensé—. Nos han pillado.»

Fue entonces cuando Pat, tan genial como siempre, dijo sin dudar, casi pidiendo perdón, al gerente:

—Oh, sí, solo tengo ceguera *nocturna*.

El gerente se quedó boquiabierto, el guardia de seguridad se apoyó de nuevo en sus talones. Pisamos el acelerador y nos alejamos para jugar la primera de nuestras dos rondas de golf aquel fin de semana.

Después de un gran fin de semana de golf, con la visión ya recuperada, Pat me llevó de vuelta al Chateau.

Mi viaje a Mali me había aportado el gusto por querer estar en sintonía con el ritmo de la Madre Naturaleza, de modo que cambié los pantalones de cuero, las botas y la Thunderbird por un par de bañadores, chanclas y una tabla de surf. Era el momento de perseguir el verano en un nuevo domicilio, con el océano Pacífico en lugar de Sunset Boulevard como jardín.

Vivía en la playa, literalmente.

Hacia *footing* en la playa, le tiraba el frisbi a *Ms. Hud* en la playa. Nadaba en el Pacífico, aprendí a hacer surf.

Casi nunca llevaba camisa.

Hice más películas: *Cómo perder a un chico en 10 días*, *Tiptoes*, *Sahara*, *Apostando al límite*, *Novia por contrato* y *Equipo Marshall*.

Las comedias románticas seguían siendo mis únicos éxitos de taquilla, lo cual las hacía mis únicas ofertas constantes. Con sus presupuestos de media gama y la química adecuada entre los protagonistas, recaudaban sumas importantes. Personalmente disfrutaba de poder ofrecer a la gente una escapada romántica despreocupada de noventa minutos del estrés de sus vidas en la que no tenían que pensar absolutamente en *nada*, solo ver cómo el chico perseguía a la chica, caía y luego se levantaba y finalmente la conseguía. Había cogido el testigo de Hugh Grant y corría con él.

Para los tabloides, la industria y la opinión pública me convertí en el tío en la playa sin camiseta de las comedias románticas. Se convirtió en *un fenómeno*. También estaba en buena forma.

La escala del entrenamiento

«desde que te levantas hasta ser un triatleta»

LEVANTARSE — Para algunos, esto es suficiente.

BEBER UN VASO DE AGUA — Hidratación es salud, servirá.

IR DE VIENTRE — El movimiento de intestinos matutino hace que tu espalda se sienta mejor y que tus ojos sean más azules, ¿qué más necesitas?

FREGAR LOS PLATOS — Es una tarea manual, eso cuenta.

PLANIFÍCALO — No tienes por qué entrenar de verdad, solo planificarlo; con eso es suficiente.

MASTURBACIÓN — También es una tarea manual, y desatasca las tuberías y despeja tu perspectiva.

CÓRTATE EL PELO — Es como salir de compras como terapia, nos hace sentir que nuestra apariencia es mejor y, por tanto, que estamos en mejor forma.

COMPRA UN ESPEJO MUY FINO — Compra uno de esos que están en todas las tiendas de marcas de ropa de lujo. Es una ilusión, pero, eh, cuando parecemos más delgados en el espejo, actuamos como si estuviéramos más delgados en la vida real.

BRONCÉATE — Como el corte de pelo y el espejo fino, pero te quita tres kilos de encima de verdad.

SIN MAYONESA, POR FAVOR — «Sin mayonesa, por favor, estoy a dieta.»

SIN PATATAS FRITAS — Como el enunciado de arriba, este puede ser un deber difícil. «Tomaré la Big Mac y una Coca-Cola grande, pero sin patatas fritas, estoy a dieta.»

UNA CERVEZA MENOS — «Solo he tomado dieciocho cervezas hoy, cariño, normalmente me bebo una caja entera. Estoy cuidando mi peso.»

VAPOR — La forma no activa de generar sudor desde fuera.

SUSTITUYE EL TENEDOR POR PALILLOS — Comerás bocados más pequeños de comida, lo cual es mejor para la digestión y hace que te sientas lleno antes.

SEXO — El ejercicio original. Genera sudor desde dentro y mejora las relaciones, haciendo que nuestro compañero o compañera nos vea con una luz más halagadora, lo cual psicológicamente nos hace sentir que tenemos mejor aspecto.

MOVIMIENTOS DE CULO Y EJERCICIOS PLIOMÉTRICOS – ¿Por qué ir al gimnasio cuando simplemente puedes tomarte unos esteroides y hacer ejercicios pliométricos al volante mientras conduces hacia y desde el trabajo?*

CUIDAR A LOS NIÑOS – Nunca te sientas, siempre estás acorralado, especialmente si tienes dos o más.

IR POR LAS ESCALERAS – Se han terminado los ascensores para ti.

BAILAR – Seguramente mi favorita de la lista. Cardio, flexibilidad y diversión. Ojalá más gente le sacara partido.

CAMINAR – No vayas en coche.

PILATES – Baja intensidad, excelente para la flexibilidad y para reforzar los abdominales.

YOGA – Intenso y relajante. También es una meditación mental.

HACER FOOTING – Baja frecuencia cardíaca pero un buen quemagrasas si recorres distancias considerables.

CORRER – Alta intensidad, alta frecuencia cardíaca.

EL GIMNASIO – Nuestra tienda integral para el cuerpo entero, y además suelen tener esos espejos tan finos.

UN ENTRENADOR – Esto se está poniendo serio. Contrata a alguien que te mantenga a raya para que no puedas procrastinar.

MARATÓN – Alta intensidad, larga distancia, pasas una cantidad considerable de tu día haciéndola.

TRIATLÓN – Correr, bicicleta, nadar. Para trabajar la fuerza, la velocidad y la agilidad, este es el entrenamiento total.

Lo que yo hacía cada día era levantarme, cagar, broncearme y hacer yoga en la playa, y era un corredor que bebía mucha agua y bailaba toda la noche.

¿Y vosotros?

* Un amigo, James K., que es ingeniero químico, siempre está musculado pero nunca va a al gimnasio ni levanta pesas. En cambio, se prepara su propio combustible, se lo inyecta y hace ejercicios pliométricos al volante mientras conduce hacia y desde el trabajo todos los días. Me dijo: «Por eso vivo a cincuenta kilómetros de la oficina, para asegurarme de que hago un buen entrenamiento».

Nunca me molestaron demasiado los constantes desastres críticos sobre mí y mi trabajo. Disfrutaba haciendo comedias románticas, y sus cheques alquilaban las casas en la playa en las que corría sin camiseta. Relativizando *esta* inevitabilidad, de ninguna manera este chico de campo de clase trabajadora iba a ser condescendiente con las oportunidades que me habían dado, sin importar lo categorizadas que estuviesen.

Dicho esto, por mucho que estuviese disfrutando de la *comodidad* de la vida que me había construido, empezaba a estar *incómodo* con un par de cosas. Una, que las comedias románticas dejaron de ser un reto para mí. Sentí que podía leer el guion hoy e interpretar el papel mañana. Dos, estaba empezando a sentirme como un animador más que como un actor. «¿Y qué tiene eso de malo?», me preguntaba. Tenía un buen ritmo cómico, había aportado un estilo de *humor positivo* y *optimismo delirante*, había conservado toda la masculinidad que había podido en el hombre castrado de la comedia romántica, y había triunfado al darle al público lo que quería.

Aun así, me sentía como si estuviese adoptando una pose en lugar de comportarme, *interpretando un papel* en lugar de ser más yo. Lo que había empezado quince veranos antes como una expresión creativa muy personal cada vez alimentaba menos mi espíritu. Sentía que actuar era un medio para obtener un fin para que el que no tenía dirección, y si *esto* era todo lo que ser actor iba a significar para mí, entonces no estaba seguro de querer serlo.

Estaba obteniendo mucho más crecimiento interior de mis viajes que de mi carrera. Me encantaban las ventas, la educación, la música y el deporte. Contemplé la posibilidad de cambiar de profesión, tal vez empezar a escribir historias cortas y diarios de viaje, pasarme a la publicidad o convertirme en profesor, músico o entrenador de fútbol americano. No lo sabía.

el estafador

te hacías llamar
artista

yo te llamo
estafador

si fueses Picasso

podrías robarme

pero revelaste tus
intenciones

sin saberlo

un farolero se
habría salido con
la suya

pero un mentiroso
como tú no puede

mi perro podría
haber olido tu
estafa digna de la
realeza

tu juego de manos no
es demasiado ligero,
chico

creías que pensarías
en mí hasta
dormirte, pero
cuando apretaste el
gatillo te orinaste

porque nunca
amartillaste la
pistola.

De nuevo, inquieto, necesitaba algún tipo de evolución. Necesitar ir río *arriba*, cambiar de carril, sentir un poco de ascenso en mi pendiente. ¿Pero cómo? Una vez más, cambié de residencia. Me compré una casa en Hollywood Hills con un jardín lo suficientemente grande como para poner las manos de nuevo en la tierra y suficientes habitaciones para una familia de cinco.

Pasa página

El difunto y gran entrenador de fútbol americano de la Universidad de Texas, Darrell Royal, era amigo mío y un buen amigo de muchos. Mucha gente lo admiraba. Una de esas personas era un músico, a quien llamaré Larry. Larry estaba en la plenitud de su carrera en la música country, algunos de sus éxitos habían llegado al número uno y su vida era vibrante. Había adquirido el hábito de esnifar «el asunto blanco» en algún momento, y en una fiesta en concreto, después de un descanso para ir al baño, Larry se acercó a su mentor Darrell y empezó a contarle una historia. El entrenador escuchó, como siempre, y cuando Larry terminó de explicar la historia y estaba a punto de irse, el entrenador Royal le puso una mano amable sobre el hombro y le dijo con discreción: «Larry, tienes algo en la nariz, aquí, amigo». Larry fue corriendo inmediatamente al baño, se miró en el espejo y vio un poco de polvo blanco que no se había limpiado. Estaba avergonzado, abochornado, en parte porque se sintió muy descortés con el entrenador Royal, pero sobre todo porque obviamente se había acomodado tanto con la droga como para no ocultarla tan bien como debiera.

Bien, al día siguiente Larry fue a casa del entrenador y llamó a la puerta. El entrenador contestó y Larry dijo: «Entrenador, necesito hablar con usted». Darrell lo invitó a pasar.

Larry confesó. Purgó sus pecados con el entrenador. Le explicó lo avergonzado que estaba y cómo había perdido el rumbo en medio de toda la fama y la fortuna. Después de una hora, Larry, que entonces lloraba, le preguntó al entrenador: «¿Qué cree que debería hacer?».

El entrenador, que era un hombre de pocas palabras, simplemente dijo: «Larry, yo nunca he tenido problemas en pasar página en el libro de mi vida». Larry dejó la droga aquel mismo día y se ha mantenido alejado de ella los últimos cuarenta y seis años.

Los grandes líderes no están siempre al frente.

También saben a quién seguir.

¿Alguna vez te has quedado atrapado en una rutina? ¿Atascado en el carrusel de un mal hábito? Yo sí. Vamos a cometer errores, reconocerlos, enmendarlos y seguir adelante. La culpa y el remordimiento matan a muchos hombres antes de tiempo. Bájate del coche en marcha. Eres el autor del libro de tu vida. Pasa página.

sexta parte

LA FLECHA NO
BUSCA EL OBJETIVO,
EL OBJETIVO ATRAE
A LA FLECHA

MARZO DE 2006

A LO LARGO DE MI VIDA HABÍA CONOCIDO, pasado tiempo y tenido relaciones serias con mujeres maravillosas, muchas de las cuales siguen siendo amigas mías en la actualidad, pero últimamente todo eran paradas rápidas en lugar de estancias. Ya en la mitad de mi treintena buscaba una amante para toda la vida, una mejor amiga, una futura madre. Buscaba algo más, buscaba a *la adecuada*, la buscaba a *ella*.

Y entonces tuve otro sueño. Sí, uno húmedo.

No, no *ese* sueño húmedo, uno nuevo.

Una vez más, estaba en paz, ahora sentado en una mecedora en el porche delantero de mi casa de campo de una planta con paneles de madera. Había un acceso para vehículos de tierra, sin curvas, en forma de herradura, que al llegar a los tres escalones delanteros viraba hacia el refugio elevado donde me balanceaba. Los ocho mil metros cuadrados de abundante césped de St. Augustine estaban sin cortar. A través de los árboles, en la distancia, cerca de la entrada al acceso para vehículos, utilitarios deportivos, Range Rovers, Navigators y rancheras empezaron a acercarse a la casa en una procesión ceremonial. Tras el volante de todos los automóviles había una mujer, en la parte trasera de todos ellos había cuatro niños, todos saludándome con entusiasmo mientras aparcaban, dos ruedas en St. Augustine, dos en la tierra. Todas las mujeres estaban serenas y satisfechas. Todos los niños sonreían, se reían y estaban sanos. Todos nos conocíamos muy bien unos a otros.

Veintidós vehículos.

Veintidós mujeres.

Ochenta y ocho niños.

Las mujeres no estaban allí para ver a un hombre con quien se hubiesen casado alguna vez; estaban allí para ver a un hombre a quien querían y al padre de sus hijos. Los niños estaban allí para ver a su padre.

Yo.

Habían venido para celebrar mi octogésimo octavo cumpleaños; un hijo por cada año de vida.

Todos estaban muy felices, ansiosos por celebrar mi cumpleaños y por verse. Todas las madres y yo compartimos un recuerdo idílico, los niños sentados en mi regazo. Nos abrazamos, nos besamos, nos reímos y bromeamos, derramamos lágrimas de felicidad. Se reunieron todos a mi alrededor en el porche para una fotografía de familia y miramos a una cámara compacta de gran formato sobre un trípode al final del acceso para vehículos. *¡Tres! ¡Dos! ¡Uno!*

Y entonces me corrí.

En ese sueño nunca me había casado. Era un soltero de ochenta y ocho años. Y *esa* idea para toda mi vida en ese momento hubiese sido una pesadilla.

Pero no lo era en mi sueño. No, fue un sueño bonito. Ese sueño me dijo que no pasaba nada. Me dijo que *a mí* no me pasaba nada.

Ese sueño me recordó que *lo que siempre supe que quería ser en la vida era ser padre*. El sueño también me avisó de que si nunca encontraba a *la mujer adecuada* para mí y no me casaba, *eso* también estaba bien.

Podía tener hijos.

Podía ser padre.

Podía convertirme en un soltero de ochenta y ocho años, rodeado de veintidós madres sonrientes y ochenta y ocho niños felices, saludando, sanos y emocionados, a los cuales amaba sin excepción, y ellos me amaban a mí también sin excepción.

La luz roja de la visión de ser soltero toda la vida me había llegado en un sueño húmedo que era una luz verde. Era una señal espiritual, un mensaje para que me rindiera, para que dejase de *intentar* encontrar a la mujer perfecta para mí de manera tan intencionada y, en cambio, cediese al proceso de selección natural de encontrarla, o de que ella me encontrase a mí, o no.

Así que dejé de buscarla.

Y entonces, ella llegó.

la flecha no busca el objetivo, el objetivo atrae a la flecha

Debemos ser conscientes de lo que atraemos en la vida porque no es ningún accidente ni ninguna coincidencia.

La araña espera en su red a que llegue la cena.

Sí, debemos perseguir lo que queremos, buscarlo, lanzar el sedal al agua,

pero a veces no necesitamos hacer que las cosas sucedan.

Nuestras almas son infinitamente magnéticas.

Era julio de 2005 y yo estaba siendo el centro de atención en la cabecera de la mesa en el Hyde Club, en Sunset Boulevard, preparando las mejores margaritas del planeta, cuando la vi.

Un vestido fino, suave, de seda turquesa que cubría unos hombros de color caramelo que flotaban de derecha a izquierda por la sala brumosa y pobremente iluminada por neones.

No estaba *entregando* nada.

No estaba *marchándose* a ninguna parte.

Estaba desafiando la gravedad en la dirección en la que quería ir, y yo quería estar en el lugar adonde ella se dirigía. Su cabeza no se inclinaba ni un ápice. ¿Acaso sus pies *tocaban* el suelo siquiera? No podía estar seguro. Como he dicho, la sala tenía poca luz y la visión era algo difusa.

Ella me causó una impresión *y* una definición:

Pícara y esencial.

Joven con un pasado.

Natural y sofisticada.

Inocente y astuta.

Primaveral y salada.

Una esposa y una reina.

No era virgen pero no estaba en alquiler.

Una futura madre.

No estaba vendiendo *nada*. No necesitaba hacerlo. Sabía *qué* era, *quién* era, y lo poseía. Su propio elemento. Una ley natural. Un nombre propio. Inevitable.

«¿Qué… es… eso?», me dije mientras me levantaba de la silla, su gravedad tirando de mí hacia ella. Me quedé congelado mientras ella se acomodaba en una *chaise longue* de terciopelo rojo junto a otras dos mujeres. Incapaz de atraer su mirada, levanté el brazo derecho y empecé a moverlo, intentando llamar su atención, cuando oí una voz en el oído izquierdo: «Esta no es la clase de mujer a la que se saluda desde el otro lado del bar, hijo. Mueve el culo, jovencito, y ve a presentarte». Era la voz de mi madre. Era hora de relativizar.

Me dirigí a la *chaise longue* donde aquella mujer estaba a media conversación. Levantó la mirada.

—Hola, soy Matthew —indiqué mientras extendía la mano en busca de un apretón honesto.

Estaba seguro de que me había reconocido, pero se quedó sentada, de nuevo ni en venta ni fácilmente impresionable.

—Camila —contestó mientras extendía el brazo derecho hacia arriba y me daba un apretón de manos seguro pero informal.

Cogí aire.

—¿Os gustaría…, a ti y a tus dos amigas, sentaros con nosotros en nuestra mesa? Os prepararé unas margaritas geniales.

Miró a sus amigas.

—Disculpad —dijo, y luego se levantó y dejó que la escoltara. Aunque se había separado de sus amigas, me di cuenta inmediatamente de que no hubiese habido ninguna posibilidad de que viniera a nuestra mesa si yo no hubiese tenido el gesto caballeroso de invitarlas también a ellas.

Preparé la mejor margarita de mi vida. Hablé español mejor de lo que lo había hablado nunca.

Ella hablaba portugués. Nunca he entendido el portugués tan bien como aquella noche, y no he vuelto a hacerlo desde entonces.

Los ritmos de los lenguajes latinos parecían ajustarse a la métrica. Habían pasado veinte minutos y juntábamos boca con oreja en un extremo de la mesa, en nuestra primera conversación, cuando...

—¡McConaughey! ¡El coche está fuera, muévete! —me gritó mi amigo por encima de la música. Eran las 2.00, hora del cierre.

—¡Dame cinco minutos! —pedí, con la palma de la mano abierta frente a su rostro, sin apartar la mirada de la de ella.

—¿Quieres ir a mi casa a tomar una copa? —le pregunté—. Los chicos y yo vamos a ir allí a tomar algo.

—No, no, gracias, esta noche no, pero gracias —dijo ella amablemente.

Mierda.

La acompañé a su coche, que, para su sorpresa, no estaba donde lo había aparcado.

—¡Estaba justo aquí! —dijo, parada en el estacionamiento vacío de la gasolinera que estaba al lado del club.

—¿Estás buscando un Aviator blanco? —preguntó el empleado de la gasolinera, que nos había oído.

—Sí —respondió ella.

—Se lo ha llevado la grúa, este aparcamiento es solo para la gasolinera —dijo.

—Venga, una copa en mi casa —dije—. Luego le diré al chófer que te lleve a casa.

—De acuerdo, sí —aceptó finalmente.

Nos subimos al utilitario deportivo que nos estaba esperando. Mis dos amigos se movieron a los asientos de atrás.

Las 3.30. Mi casa.

—Bueno, gracias por la copa, tengo que irme —dijo.

La acompañé afuera, donde debía esperarla el chófer en el acceso para vehículos, pero, por *alguna* razón, no había ningún chófer esperando.

Fingí preocupación.

—¿Qué? ¿Dónde diablos ha ido? —dije—. Increíble, llamaré a un taxi, lo siento.

En aquella parte de Hollywood Hills había poca o ninguna cobertura de móvil, pero tenía teléfono fijo, de modo que llamé a tres compañías de taxis y, ¿sabes qué? *Ninguna* de ellas respondió a la llamada, o no tenían ningún conductor disponible.

—Puedes dormir en la habitación de invitados de arriba —le dije.

Eran más de las cuatro de la mañana y *no había transporte disponible*, de modo que accedió.

Me metí dos veces a hurtadillas en aquella habitación de invitados esa noche para ver cómo estaba.

Las dos veces me echó.

A la mañana siguiente, me levanté sobre las once. Mientras bajaba la escalera de caracol hacia el recibidor que llevaba a la cocina oí a gente hablando y riendo. Era el tipo de humor y de conversaciones que se solapan que solo pueden tener las personas que se sienten extremadamente cómodas entre sí. Sonaba como si fueran viejos amigos.

Fui acercándome a la cocina y allí estaba ella, de espaldas a mí, sentada en el taburete del centro en la isla de la zona para cocinar, con el mismo vestido turquesa sobre los mismos hombros de color caramelo. Era el centro de atención. Mi ama de llaves sirvió tortitas para ella y para mis dos amigos sin camiseta, que se reían a carcajadas con las insinuaciones sobre una historia que ella había contado hacía menos de una hora.

No solo *sonaba* como si fueran viejos amigos, sino que lo *parecían*. No existía la falsa modestia juvenil del paseo de la vergüenza de la mañana siguiente, no había prisa por marcharse de una casa en la que nunca había tenido la intención de pasar la noche; no, solo una elegancia con buen humor y seguridad en sí misma.

Llamé a la gasolinera donde habían remolcado su vehículo y averigüé adónde lo habían trasladado. El depósito estaba a una hora en coche. Insistí en llevarla. Por el camino puse uno de mis CD favoritos, de un artista de reggae llamado Mishka, cuyo álbum estaba produciendo en esa época.*

Yo conducía. Escuchábamos la música. Sonaron dos, tres temas seguidos sin que ninguno dijéramos ni una palabra. Ni ella ni yo *sentíamos* que tuviésemos que decir nada. Ninguno de los dos nos preocupábamos por rellenar los espacios silenciosos. El silencio no era incómodo, era oro.

Llegamos al depósito deseando que el coche estuviera en Florida en lugar de allí. Antes de marcharme le pedí el número de teléfono. Cogió su cartera, sacó un trozo de papel de libreta de espiral arrugado y lo escribió.

Intenté darle un beso de despedida. Ella volvió la cabeza, pero no lo suficientemente lejos para que no pudiera rozar medio centímetro de la parte izquierda de sus labios.

Le pregunté si quería quedar aquella tarde.

—Sí —respondió—, pero no puedo. Esta noche es el cumpleaños de mi padre.

—¿Qué tal mañana por la noche?

—Llámame.

Le dije adiós con la mano mientras me alejaba; ella también me dijo adiós.

Aquella sirena del Amazonas de hacía nueve años definitivamente me *había* visto. Luego se había sumergido en las aguas más profundas del Atlántico, alrededor del Cabo de Hornos y luego Pacífico arriba, donde finalmente había desembarcado en Hollywood y después había ido a un club en Sunset Boulevard donde reconocí su figura turquesa y sus hombros de color caramelo nadando por la habitación y hacia mi afecto.

Quince años después sigue siendo la única mujer con la que he querido tener una cita, dormir o despertarme por las mañanas.

LUZ VERDE.

* La primera vez que escuché a Mishka fue en Jamaica con el cambio de milenio, y me enamoré de su música de inmediato. Me lo encontré cinco años más tarde en el Caribe y enseguida decidimos hacer música juntos, de modo que puse en marcha j. k. livin Records y produje un par de álbumes con él.

oh, dama de buena esperanza

Oh, mi amor, ¿cómo
estás?

Verte, no hacerte,
feliz

Es una de las cosas
que más me gusta
hacer

Mi hermana, mi
amante, mi amiga,
mi clon

De cabeza por estos
días

Nos cargamos solos

Y ahora estamos en
ese lugar

Simplemente echando
un vistazo por
encima del borde

«Tú primero; no,
tú primero.»

¿Qué tal si nos
cogemos de las manos
y saltamos juntos?

Hay un largo camino
hacia abajo,

ambos coincidimos
en que así es.

«Menos mal», digo.

Tú dices: «¿Qué?»

«Solo quiero volar
contigo.»

Camila y yo llevábamos alrededor de un año saliendo juntos cuando acepté un trabajo en Australia en la película *Como locos… a por el oro*. Hasta entonces siempre había ido a trabajar solo y había vivido solo en el lugar de rodaje, pero esta mujer era algo —alguien— distinto en mi vida. Quería que me acompañase a Australia los tres meses que duraba el rodaje, que viviera conmigo en la casa en la playa de dos habitaciones en Port Douglas que iba a alquilar. No me gustaba la idea de estar lejos de ella mientras estaba allí. Me gustaba la idea de estar *con* ella mientras estaba allí. La invité a venir.

—¿Estás seguro? —preguntó.

—Sí.

—¿Estás seguro?

—Sí, lo estoy.

—Bueno, hay algunas cosas que necesitaría antes de aceptar. Necesitaré mi propio dormitorio, mi propio baño y una llave de la casa.

—Trato hecho.

Y vino. Estuvo allí conmigo. No durmió en aquel dormitorio, raramente usó aquel baño y pocas veces necesitó aquella llave. Pero los tenía, y era una parte importante de su independencia, de *nuestra* independencia, en aquella etapa de la relación. Fue una reclamación muy sabia de bienes raíces, los utilices o no.

Unos dos meses después, con el Año Nuevo ya muy próximo, pudimos disfrutar de un descanso de seis días en Papúa Nueva Guinea haciendo surf que fueron nuestras vacaciones. Casas en árboles, jungla, surf, aventura…

Pasamos los días haciendo surf, nadando, buceando, caminando por el bosque pluvial, explorando los mercados y visitando tribus indígenas. Vivíamos en una casa en un árbol de una sola habitación en el límite de la selva, sin electricidad, ni falta que hacía. Era salvaje, precioso, mágico.

La cuarta tarde, después de hacer el amor, estábamos sentados en el porche elevado de nuestra cabaña en el árbol, viendo cómo se ponía el sol sobre el mar de Salomón, tomándonos el primer cóctel antes de unirnos a los lugareños en un bar de mala muerte en la playa, a unos cientos de metros.

Me estaba enamorando.

—¿Qué tendría que hacer para perderte? —pregunté.

Mientras decía esas palabras me volví para mirarla con el rabillo de los ojos, la copa en su mano derecha ya a medio camino de su boca mientras se acercaba para tomar un sorbo. Con qué elegancia se movía, sin trabarse, sin dudar; solo se deslizaba con fluidez, como lo habría hecho si nunca le hubiese preguntado algo así.

La copa alcanzó sus labios y tomó un sorbo relajado y amable, los ojos puestos en el crepúsculo. Luego tomó un trago relajado y satisfecho y bajó lentamente la copa hasta su lugar de descanso en el brazo de madera de la silla.

—Oh, esa es fácil —desveló mientras volvía la cabeza hacia mí. El corazón se me aceleró. Sus ojos encontraron los míos y se asentaron—: Cambiar.

LUZ VERDE.

Cuando volvimos de Australia, Camila se mudó al oeste desde Nueva York. Mi casa en Hollywood Hills era un nido ideal para dos amantes de verdad, pero era *mía* y, sin decirlo, ambos supimos que queríamos empezar de cero, una oportunidad para construir una vida juntos. Nos reubicamos en el parque de caravanas Malibu Beach, donde nos fuimos a vivir a mi Airstream de ocho metros y medio, «la Canoa». Entregados a un futuro con el otro, hablamos sobre tener hijos y pronto decidimos que Camila dejase los anticonceptivos.

—Con una condición —aclaró—. Cuando vayas a trabajar fuera iremos *todos* contigo.*

* Los últimos doce años, Camila y nuestros hijos siempre han viajado y vivido conmigo en todos los rodajes a los que me ha llevado mi carrera como actor.

hoy he hecho el amor con mi mujer

No porque quisiera hacerlo justo en ese momento,

sino porque sabía que querría hacerlo una vez empezáramos.

Y que el paseo por la playa que daríamos luego sería más romántico.

Que el cóctel que prepararía a las 17.45 sabría mejor.

Que las gambas que sazonaría tendrían más sabor.

Que el partido del All Star que veríamos a las 19.00 sería más emocionante.

Que la música con la que bailaríamos hasta la medianoche tendría más ritmo.

Y que nuestra conversación sobre la vida sentados en la mesa de la cocina hasta las 3.00 sería más inspiradora...

Y así fue.

—Trato hecho —dije.

Durante meses cubrimos los 17 metros cuadrados de la Canoa intentándolo sin éxito, así que nos olvidamos de *intentarlo* y simplemente disfrutamos de *hacerlo*.

Unos meses más tarde llegué a casa sobre las siete y allí estaba ella para recibirme con el habitual abrazo, un beso y una sonrisa. El beso fue un poco más húmedo aquella tarde.

Me acercó un tequila doble con hielo. Me quité las chanclas y me senté en el sofá. De la cocina emanaba uno de mis aromas favoritos: hamburguesas con queso caseras.

—¿Qué pasa? Esto es el cielo en la Tierra.

—Sí, lo es —respondió mientras se sentaba a mi lado y me acercaba una pequeña caja de madera envuelta con un cordel de tonos turquesas.

La abrí. Dentro había una fotografía. Apenas podía distinguir lo que era, así que la miré más de cerca para verla más claramente.

Por mis mejillas empezaron a correr lágrimas de alegría. La miré. Por las suyas corrían las mismas lágrimas. La fotografía era una ecografía. Estaba embarazada.

Lloramos, nos reímos, bailamos.

La única cosa que siempre he sabido que quería ser es ser padre.

Para mí, la *paternidad* significaba que un hombre *lo había conseguido* en la vida. Cuando era pequeño decía «sí, señor» y «no, señor» a mi padre y a sus amigos *porque* eran padres. La paternidad, lo que más veneraba en la vida, la cuestión con la que estaba **más impresionado**, ahora era el tema con el que estaba a punto de estar **más involucrado**. El mensaje de madurez que me llegó con la muerte de mi propio padre adquirió una nueva relevancia cuando yo mismo me convertí en uno.

Sí, señor.

LUZ VERDE.

Alrededor de las 22.00 llamamos a mi madre para contarle la noticia. Era medianoche en Texas.

—¿Mamá? Somos Camila y yo. Tenemos una buena noticia que queremos compartir contigo, estás en el manos libres.

—Oh, genial, me encantan las buenas noticias. ¡Hola, Camila!

—¡Hola, señora McConaughey!

—¿Mamá?

—Sí.

—Camila y yo hemos hecho un bebé. Está embarazada.

Silencio.

Más silencio.

—¿Mamá? ¿Estás ahí…?

—¡No!… ¡No! ¡Noooooo! ¡¡¡Matthew!!! ¡Esto está *fuera de lugar*! ¡No, no, no, no, nooooo! ¡Te crie para que te casaras *antes* de tener un hijo! ¡Con quien fuera! ¡¡¡*No*!!! Esto *no* está bien, oh, no, Matthew, *no* es una buena noticia.

Camila y yo nos miramos boquiabiertos. Me acerqué al teléfono, tentado de quitar el manos libres y ahorrarle a Camila la paliza. Pero luego pensé que no, que mejor que conociera todos los lados de mi madre.

—Oh, Dios, mamá. Pensé que te pondrías muy contenta. Camila y yo estamos encantados.

—Bueno, ¡pues yo *no*! … Esto no está bien, Matthew. Así *no* es como te crie, y lo siento, Camila, pero así *no* es como crie a mi hijo. No estoy contenta en absoluto —dijo.

Luego colgó.

Camila y yo absorbimos el golpe, las lágrimas de alegría ahora estaban secas por la conmoción.

—Oh, mierda —dijo Camila.

—*No* me jodas —respondí.

Nos reclinamos en el sofá, tratando de recobrar el aliento.

Camila me puso otra copa. No tomé un sorbo, tomé un buen trago.

Unos minutos después sonó mi teléfono. Era mamá.

—¿Mamá?

—Sí, ¿estoy en el manos libres? Camila, ¿me oyes?

—Sí, señora McConaughey, estoy aquí.

—¿Qué pasa, mamá?

—Bueno… Me gustaría poner un poco de típex a nuestra última conversación. Me he dado cuenta de que estaba siendo egoísta. No tengo por qué estar de acuerdo con el *orden* de los acontecimientos, y no tengo derecho a juzgarlos. Si *vosotros* estáis felices, entonces *yo* estoy feliz por vosotros… ¿Vale?

Miré al teléfono y sacudí la cabeza.

—¡Típex puesto, señora McConaughey! —dijo Camila, aguantándose la risa.

—¡Genial, porque todo el mundo merece una segunda oportunidad! Os quiero, adiós.

Y, dicho esto, colgó.

IMPRESIONES

Todos nos hemos encontrado con esas personas que, con el rabillo del ojo, desde el otro lado de la calle, durante el crepúsculo o al amanecer, nos parecen extraordinariamente atractivas, casi como dioses o diosas. Su forma de moverse, la manera en que la luz las alcanza, apela a la veneración y al asombro. La IMPRESIÓN.

Y luego las miramos más de cerca. Mierda. Decepción. Buenas desde lejos, pero lejos de ser buenas.

Algunas personas nunca serán más atractivas que en esa primera impresión, desde la distancia, bajo esa luz, en ese momento, de esa manera en que las vimos, cuando nuestras esperanzas se elevaron y el cumplimiento de nuestro deseo estaba completamente orientado. Nunca tendrán mejor apariencia que en esa mirada inicial de contornos confusos. La impresión. El PLANO GENERAL.

Algunas relaciones son mejores en un plano general. Más impresionantes *en* la impresión.

Como los suegros. Mejor verlos solo en vacaciones.

Como los vecinos. Por eso tenemos muros y verjas.

Como ese romance a distancia que se desmoronó cuando os fuisteis a vivir juntos.

Como esa aventura de verano que solo duró el mes de agosto.

Ese amigo que se convirtió en amante y que ahora echas de menos como amigo.

Como nosotros mismos cuando somos un fraude.

Son mejores desde la distancia. Con menos frecuencia. Con menos intimidad.

A veces necesitamos más espacio.

Es el romance, es la imaginación.

La distancia es el flirteo y el guiño, es frívola, es misteriosa, una fantasía. Una luna de miel constante porque apenas podemos verla, no estamos muy seguros de ella, casi no la conocemos.

Es un polvo. Es desapego. Es independiente. Es pública. Es despreocupada. Es indolora. Es de alquiler.

Y nos gusta que sea así, porque a veces es mejor con las luces tenues.

El ESPEJO

Todos nos hemos encontrado con esas personas que, cuando las miramos a los ojos, cuando están justo enfrente de nosotros, a plena luz del día, nos parecen extraordinariamente atractivas, casi como dioses o diosas. Su forma de moverse, la manera en que la luz las alcanza, apela a la veneración y al asombro. La DEFINICIÓN.

Y entonces, cuanto más nos acercamos... Guau. Levantamos el vuelo. Buenas desde cerca, mejores en primer plano.

Algunas personas son más atractivas, causan una mayor impresión en nosotros cuanto más las vemos, cuanto más de cerca las observamos, con una luz determinada, en un momento concreto, de la forma en que las vemos, cuando nuestras esperanzas se elevan y el cumplimiento de nuestro deseo está completamente orientado. Siempre tendrán una mejor apariencia cuanto más claramente las veamos. La definición. El PRIMER PLANO.

Algunas relaciones son mejores en primer plano. Más impresionantes cuanto más se definen.

Como la mujer que no te excita en una foto pero sí en la vida real.

Como nuestros hijos.

Como nuestra esposa.

Como un mejor amigo.

Como Dios.

Como nosotros mismos cuando somos auténticos y reales.

Son mejores de cerca, con más frecuencia, con más intimidad.

A veces necesitamos estar cerca.

Es amor, es literal.

La cercanía son los momentos relajados juntos, el dolor compartido, la belleza vista, la honestidad. Es auténtica. Es la realidad. Una relación constante porque podemos verla, estamos seguros de ella, lo sabemos.

Es hacer el amor. Es apego. Es unidad. Es privada. Nos cuesta. Duele. Nos pertenece.

Y nos gusta que sea así, porque a veces es mejor con las luces encendidas.

Impresiones en el espejo

Camila estaba embarazada de seis meses cuando recibí una llamada de mi oficina de producción cinematográfica en Venice (California). El número apareció en el identificador y alargué la mano para coger el teléfono.

Mi mano se *detuvo* a medio camino.

No quería responder. Una llamada de *mi* oficina de producción. La oficina de la que había pagado el alquiler y el personal desde 1996.

No respondí. Decidí llamar a mi abogado, Kevin Morris.

—Voy a cerrar la productora inmediatamente. Llamaré a todo el mundo mañana y lo anunciaré. Quiero ofrecer indemnizaciones generosas a los empleados. Cierra también j. k. livin Records, la discográfica.

Era el momento de hacer limpieza. *Proceso de eliminación.*

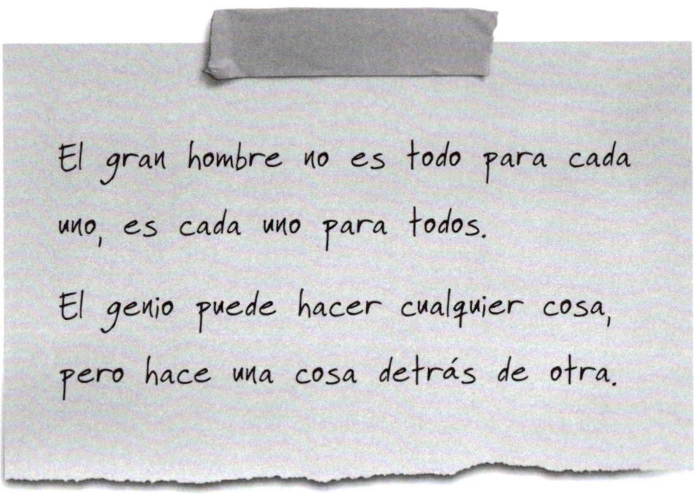

Tenía cinco cosas sobre la mesa de las que ocuparme a diario: la familia, la fundación,* mi trabajo como actor, una productora y un sello discográfico. Sentía que estaba aprobando justo en todas. Al cerrar la productora y el sello discográfico eliminé dos de mis cinco compromisos con la idea de sacar excelentes en los otros tres.

* Just Keep Livin Foundation es la fundación que McConaughey creó con su esposa Camila para apoyar a estudiantes de secundaria en situación de exclusión. *(N. de la T.)*

Le dije a mi abogado que quería ocuparme de mi familia, de mi fundación y de mi carrera como actor.

Simplificar, centrarme, conservar para liberar.

Bueno, bueno, bueno.

El 7 de julio de 2008, después de tres días de parto y una cesárea de emergencia, Camila dio a luz a un varón de tres kilos y medio.

No quisimos saber el género de antemano, lo cual es una de las mejores sorpresas que puedes regalarte. Habíamos pensado en un nombre si era una niña, pero teníamos una larga e interesante lista de nombres para niño.

Matthew. *Man* («hombre»). *Medley* («mezcla»). *Igloo* («iglú»). *Mister* («señor»). *Citizen* («ciudadano»). *Levi*.

Ya sabes, lo típico.

Camila prefería Matthew. A mí me preocupaba el tema *Jr.* y la *trampa del mismo nombre que el famoso padre*, pero en ese momento no pensábamos en nombres; estábamos demasiado ocupados sonriendo, riendo, llorando y amando.

Alrededor de una hora y media después del nacimiento vino una enfermera y me entregó un documento formal para rellenar. Decía:

El 7 de julio de 2008, a las 18.22 h,
______________________ nació.
(nombre)

6:22. Mi versículo favorito de la Biblia:

Si tu ojo está sano,
todo tu cuerpo estará lleno de luz.

MATEO 6:22

La mandorla.

La paradoja en lugar de la contradicción.

La unión en lugar de la fricción.

El lugar donde residen *todos* los colores.

La luz blanca.

El tercer ojo.

Un versículo que me ha brindado guía espiritual durante décadas, el **6:22** incluso estaba en la puerta de nuestro dormitorio, en un grabado hecho por dos hombres de la tribu de los dogones que encargué en Mali en el año 2000.

El apóstol Mateo también era conocido como Leví o Levi en otras partes del mundo. El mismo hombre. Un nombre distinto.

Del Levítico, el tercer libro de la Biblia.

Levítico. Levitado. Levi. **Mateo 6:22**.

El hombre no es nunca tan masculino como después del nacimiento de su primer hijo. No macho, masculino. Después de su primogénito, la cabeza, el corazón y el instinto del nuevo padre están más alineados que nunca. Con los cinco sentidos en la misma frecuencia y la intuición afinada, debería grabar cualquier instinto que tenga durante los seis meses siguientes: personal, financiero, espiritual o de su carrera. Debería confiar en que él *sabe* y saber que *puede* leer el futuro, porque ahora, por primera vez en su vida, está viviendo por el *futuro* y el *futuro* está viviendo por él.

Apuéstalo todo y arrasa con todo.

Así que el 7 de julio de 2008, a las 18.22 h., nació **Levi** Alves McConaughey. Su segundo nombre, Alves, es el apellido de soltera de Camila.

LUZ VERDE.

Justo cuando me presentaron a una nueva vida, una crisis familiar posiblemente fatal irrumpió en casa de forma inesperada y salí corriendo a Austin para estar con mi madre y mis hermanos. Camila y Levi se unieron dos semanas después, y alquilamos una pequeña casa en la comunidad de jubilados de mi madre, donde dormimos en colchones de aire.

No conozco *todas* las comunidades de jubilados, pero *esta* era genial. Un grupo de gente mayor que se preocupaban por sí mismos, que no buscaban nada ni a nadie que les aportase sentido en *ningún aspecto*. Es como si hubiesen entrado en la tercera edad y se hubiesen convertido de nuevo en revolucionarios o en anarquistas. Eran como niños.

Eran patriotas americanos que amaban a Dios con un sentido del humor salvaje y una total ausencia de pretensiones o corrección política. Se reían de *todo* y adoraban que se rieran *de ellos*. También adoraban una buena charla y ofrecer consejos de vida que nadie les había pedido.

«Siempre parece que te estás divirtiendo cuando veo tu trabajo, Matthew, y la vida va de eso; sigue divirtiéndote.»

«El mayor logro en la vida son los hijos, Matthew, así que ten unos cuantos, y recuerda que los nietos son el doble de amables y dan la mitad de trabajo.»

Estar rodeado de personas mayores te recordará que eres mortal y te hará sentir más joven al mismo tiempo. Ves cómo sus cuerpos no hacen lo que la mente les dice que hagan y cómo sus mentes olvidan lo que saben para recordar, pero nunca se ponen sentimentales al respecto. Adquieren una rutina y la siguen: ir al gimnasio, pararse a tomar un cóctel al atardecer, cantar en el coro de la iglesia e inscribirse en cualquier actividad que se les ofrezca.

«Mantenerse activo y sociable, Matthew, es la clave para la longevidad.»

En el camino de vuelta a la casa de alquiler, después de un bingo vespertino en el centro recreativo, Camila y yo nos paramos en un semáforo en rojo.

—Quieres volver a Texas, ¿verdad? —me preguntó de repente.

Sí, *había* pensado en ello. Tal vez fuera la actitud, el valor que le gente le otorgaba al sentido común, el hecho de que cuando estás jugando al béisbol en el jardín delantero y un coche se para a mirar es un vecino con buenos deseos en lugar de un *paparazzi*. Quizá fuese el optimismo y el hecho de que nadie actúa como si hubiera una crisis aunque exista. Tal vez fuera que mamá tenía entonces setenta y tantos y que en números futbolísticos aquel era por lo menos su último cuarto del partido y verla más de dos veces al año parecía una propuesta prudente. La respuesta era que Camila y yo acabábamos de empezar una familia y queríamos que nuestros hijos tuviesen todo lo anterior.

Me volví para encontrarme con su mirada.

—Sí.

Respiró hondo y movió la cabeza de izquierda a derecha con una sonrisa perspicaz.

—Hijo de puta —echó un vistazo a Levi, que estaba en el asiento trasero—. Hagámoslo.

El semáforo se puso en verde. Apreté el acelerador.

LA VIDA, IGUAL QUE LA ARQUITECTURA, ES UN VERBO. SI SE DISEÑA BIEN, FUNCIONA, ES BONITA Y NO NECESITA INDICACIONES. NECESITA MANTENIMIENTO.

Después de ocuparme del dilema familiar que me había llevado de vuelta a Texas, Camila, Levi y yo compramos una casa en las afueras de Austin, con vistas al río, y nos mudamos allí.

Tres hectáreas y media, un pozo con agua de manantial y una escritura de una parcela de tierra al borde del agua para una caseta para botes que el vendedor olvidó incluir como atractivo. Un espacio más que suficiente para tener unos cuantos perros, formar una familia y aporrear mis congas desnudo sin molestar a ningún vecino.

Del mismo modo que la muerte temprana de mi padre me hizo subir de nivel y convertirme en un hombre, la emergencia familiar, junto con mi paternidad, me ayudaron a reconsiderar mi vida y mi papel en ella de forma más profunda. Especialmente en cuanto a mi carrera. La muerte, una crisis familiar y los recién nacidos —el final de una vida, intentar mantener una vida y dar la bienvenida a una nueva— son las tres cosas que harán que tu suelo se tambalee, te aportarán claridad, te recordarán que eres mortal y, por tanto, te proporcionarán el coraje para vivir de una manera más sólida, fuerte y verdadera. Tres cosas que hacen que te preguntes: «¿Qué es lo que importa?».

Tres cosas que hacen que te des cuenta de que *todo* importa.

En la realidad del destino
que conllevan la muerte y el
nacimiento

reconocemos que somos a la vez
humanos y Dios.

Damos con la creencia de que
nuestras decisiones importan,

que no es todo por nada,

que es todo por todo.

Yo era un actor de éxito, un famoso, una estrella del cine. No tenía que preocuparme por llevar comida a la mesa o por pagar el alquiler, pero el camino que estaba tomando mi carrera y los personajes y las películas que me estaban ofreciendo y que estaba haciendo ya no me satisfacían. Aburrido de los papeles en comedias románticas y los mundos que habitaban, llevaba demasiado tiempo yéndome a dormir con picor en el trasero y levantándome con un dedo apestoso.

Mi vida era plena. Salvaje. Arriesgada. Esencial. Relevante. Animada. Me reía más alto, lloraba más fuerte, amaba más, detestaba más profundamente y me sentía *más* como el hombre en mi vida que en los personajes que interpretaba en las películas. Valoraba el hecho de que si tuviese que decantarme por uno o por otro lado, una existencia vital era más importante que una profesión vital, pero quería participar en historias que por lo menos supusieran un desafío a la intensidad de la vida que estaba viviendo, e interpretar personajes que por lo menos estimulasen la vivacidad del hombre que era.

Esos papeles y esas historias que estaba buscando, los que podrían competir con la vida que estaba viviendo, no llegaban y, una vez más, no estaba a gusto con los que sí llegaban. Era el momento de hacer un cambio, de pivotar, de plantearme un nuevo compromiso. Se acabaron los cambios de residencia esperando que el mal tiempo amainase. Esta vez, con más cosas que nunca *por* las que vivir, era el momento de parar de dejar migajas, era la hora de volverse verdaderamente egoísta y ver de qué no podía prescindir.

Era el momento de un sacrificio real. Además, Camila estaba embarazada de nuevo.

NO ES UN RIESGO HASTA QUE PUEDES PERDER LA BATALLA

séptima parte

SÉ VALIENTE, CONQUISTA LA COLINA

OTOÑO DE 2008

Me he dado cuenta de que, cuando te enfrentas a una crisis, ya sea el huracán Katrina, una emergencia familiar o las profundas decisiones que debemos tomar en la vida, es un buen plan primero **reconocer** el problema, luego **estabilizar** la situación, después **organizar** la respuesta y, finalmente, **responder**. Consciente de que necesitaba algo *más* como actor, había reconocido el problema. Ahora era el momento de pivotar y estabilizar mi situación.

Llamé a mi administrador, Blaine Lourd, y le pregunté cuánto tiempo podría aguantar sin trabajar siguiendo con la misma vida a la que estábamos acostumbrados.

—Has administrado bien tu dinero, haz lo que tengas que hacer —dijo.

Llamé a mi agente, Jim Toth, y le dije que quería dejar de hacer comedias románticas y buscar trabajos dramáticos que me estimulasen.

—No hay problema —respondió enseguida.

—¿Qué quieres decir con «no hay problema»? —pregunté—. Mis comedias románticas le han proporcionado a tu agencia una generosa comisión del diez por ciento durante más de una década. ¡¿Qué crees que van a decir tus jefes cuando vayas a la reunión del lunes por la mañana y les digas: «McConaughey no va a hacer más comedias románticas»?!

—Yo no trabajo para ellos, señor McConaughey, trabajo para usted.

Un tío legal.

egoísta

Cuando soy lo
suficientemente
rico para no
preocuparme por
el dinero.

Cuando la vida
de un niño es más
importante que
la mía.

Cuando mi
autoestima no
depende de la
adulación de otros.

Cuando ya no me
importa, para
superar mis deseos,

miro cerca y dentro
de mí y me vuelvo
egoísta.

Esta es la medida
de la grandeza de
un hombre,

cuando un hombre
se convierte en
clásico.

Cuando las
recompensas
mortales ya no son
suficientes para
pagar su renta,

el hombre se
convierte en
leyenda.

Pesca para ti
mismo.

Egoísta.

Era una apuesta arriesgada la que estaba haciendo. En Hollywood, si rechazas *demasiados* proyectos, puede que dejen de llamarte. Si te sales de tu carril y le das la espalda a aquello en lo que triunfas, la industria puede darte la espalda también. No les importa ver que pierdes oportunidades porque hay mucha gente esperando para aprovecharlas. De nuevo, no es algo personal, solo es un negocio.

Empapé el suelo de lágrimas mientras hablaba con Camila de esta decisión. Lloramos. Rezamos. Hicimos un trato.

—Vamos a estar en el dique seco un tiempo, cariño —me dijo—. Quién sabe cuánto durará. Va a ser duro. Sé que vas a ponerte nervioso, que te sentirás inseguro, que vas a beber más, pero... Si vamos a hacer esto, si vamos a *comprometernos* con este cambio, tenemos que hacerlo hasta el final. No podemos dejarlo a medias. ¿De acuerdo?

Era justo lo que me había dicho mi padre muchos años atrás.

—De acuerdo.

En aquella encrucijada, que no catástrofe, sabía que mi dilema existencial me iba a pasar factura, no solo monetaria, sino también emocional, e incluso una mayor. La fatiga de no saber si saldría de ella y cuándo iba a ser una prueba. Al decirle a Hollywood, mi querida de los últimos veinte años por lo menos, «aún te quiero, pero deberíamos tomarnos un descanso y prefiero estar solo y feliz que estar juntos y ser infeliz», me había quedado en el limbo. Había comprado un billete de ida a «ya te avisaremos». Me preparé para lo peor y esperé lo mejor.

> Cuando ya sabes que es negro,
> no parece tan oscuro.

Se acercaban las vacaciones y tenía muchas ganas de pasar tiempo con mi familia. Cuanta más familia tuviese alrededor, menos pensaría en la carrera de la que me estaba alejando y más me acordaría del lugar de donde procedía.

Cada año por Navidad nos juntamos en el rancho de mi hermano, en el oeste de Texas. Todo el mundo mete en las furgonetas y en las autocaravanas a sus hijos y a sus perros y se dirige al rancho, donde nos ponemos al día, bebemos, comemos y decimos mentiras. Esos días salimos de excursión por el terreno accidentado del oeste de Texas, cazamos venados, montamos a caballo, alimentamos a las vacas, vemos partidos de fútbol americano en la televisión y terminamos los días alrededor de una fogata, contando nuevas historias y recuperando algunas antiguas hasta bien entrada la madrugada. A pesar de que nos criamos con la religión, estas reuniones familiares ahora ofrecen muy pocos rituales navideños más allá de abrir regalos el día 25.

No hay cena familiar, ni lecturas de la Biblia, solo todos nosotros juntos, veinticuatro horas al día durante cinco días de festines de carne y tonterías, sin toques de queda, con duchas opcionales y bebiendo para recordar, no para olvidar.

Si alguna vez alguien se presenta allí con los *humos subidos* o *caminando de puntillas*, como dice mi madre, el resto de la familia lo hará bajar a la tierra hasta que pida clemencia y luego lo levantaremos del suelo y le serviremos un trago. Siempre hay unas cuantas lágrimas derramadas, pero un cien por cien de perdón para cuando nos marchamos, porque, como dice mi hermano Rooster, «si todo lo que hiciésemos fuera lo correcto, nunca sabríamos lo que no lo es».

Yo había salido mal parado en algunas de esas intervenciones de humillación forzada, pero no aquel año; no, mi familia sabía que estaba pasando una etapa difícil. En todo caso, se preguntaban *qué caray me pasaba* para haber rechazado un trabajo regular y unos cheques considerables, pero podían estar seguros de que la decisión estaba tomada, y mi familia siempre ha respetado una convicción sincera como la que yo tenía en ese momento.

Un par de días después de Navidad, Rooster, Pat y yo paseábamos por el rancho bebiendo cervezas en la pickup de color granate de Pat cuando este, que era y sigue siendo un vendedor de tuberías que trabaja *para* Rooster, decidió llamar a su servicio de recepción de llamadas para ver qué mensajes de trabajo se había perdido durante el descanso de Navidad. Pat tenía uno de esos servicios virtuales de recepción de llamadas a los que llamas con tu número de identificación y te transmiten los mensajes que no has escuchado. Marcó los dígitos 1-800.

—Soy el 812 —dijo.

—Sí, 812, espere un momento…

Pasaron diez segundos.

—Hum, señor. Parece que está cuenta *no* está activa.

—¿Qué quiere decir con que «no está activa»?

—Quiero decir que está *fuera de servicio*, señor.

—Pero este es el número de identificación que me dieron para llamar y comprobar mis mensajes.

—Lo entiendo, señor, pero la cuenta 812, según dice aquí, lleva *inactiva* más de… *dos años.*

Pat, que empezaba a echar humo, inmediatamente pisó el freno, saltó fuera de la pickup y empezó a gritar al otro lado de la línea:

—¡¿Qué significa que lleva más de dos años inactiva?! ¡¿Sabe cuántos millones de dólares he perdido de llamadas de negocios entrantes para comprarme tuberías que ni siquiera han podido dejar un mensaje para mí porque *usted* tiene mi cuenta fuera de servicio?! ¡Voy a denunciarla! ¡Voy a llevarla a juicio! ¡Hace *dos años* que mi cuenta está fuera de servicio y es culpa *suya*!

—Hum..., señor, yo solo soy la persona que contesta al teléfono y conecta a la gente con sus cuentas, y la suya, señor, *no* está activa.

—Me importa un carajo lo que diga, ¡seguro que he perdido por lo menos diez millones de dólares *porque* usted no ha tomado mis mensajes en más de dos años! ¡Diez millones de dólares, señora! ¡Por eso voy a denunciarla!

Ella le colgó. Pat continuó despotricando:

—¡No se atreva a colgarme, ¿me oye?! ¡Me lo DEBE!

Pat cerró finalmente la tapa del móvil, pateó la tierra y luego se volvió hacia Rooster y hacia mí, que habíamos sido testigos de la diatriba.

—¡¿Os lo podéis creer?! ¡Hace dos años que mi cuenta está inactiva, dos puñeteros años! ¡Voy a demandar a estos cabrones por diez millones! ¡Lo llevaré hasta el Tribunal Supremo si hace falta!

Entonces Rooster le hizo a Pat una pregunta que, obviamente, él no había contemplado:

—Bueno, hermanito, ¿qué crees que va a decir el juez en el tribunal cuando averigüe que ni siquiera *sabías* que estaba fuera de servicio porque no habías llamado para comprobar tus mensajes en más de *dos* años?

Caso cerrado.

Sospecho que todo el mundo en mi familia siente pasión por las demandas; simplemente tenemos problemas para escoger litigios que podamos ganar.

SI TODOS HICIÉRAMOS DEL SENTIDO DEL HUMOR LA EMOCIÓN POR DEFECTO, NOS LLEVARÍAMOS MEJOR.

Al día siguiente, Camila, Levi y yo tuvimos que interrumpir la velada vacacional y volvernos a casa para ocuparnos de un asunto más urgente.

Creo que intentar mantener la chispa de la luna de miel en una relación es una fantasía inútil. Aún peor: es injusto para los dos amantes intentar conservarla. Es una bombilla de 120 vatios que calienta demasiado como para durar. Ninguna persona puede estar a la altura del pedestal en el que la colocamos si siempre la ponemos en uno. Además, cuando solo vemos a nuestro amante como un superhumano, nuestro reflejo en sus ojos también nos convierte en uno. Entonces los dos estamos en alquiler, porque ambos somos inalcanzables.

La luna de miel, como *Hollywood*, es una película animada. Es algo mítico, no una realidad que debamos esperar ver una vez salgamos del cine.

Es el lugar donde vivimos. Donde reside nuestra humanidad. Donde habitan nuestros secretos, nuestras cicatrices, nuestras esperanzas y nuestros fracasos. Es lo que viene después de los créditos. Donde el verdadero amor importa, duele, entiende, se cae y se levanta de nuevo. Donde no es fácil, pero lo intentamos de verdad.

La bombilla de 20 vatios no es luz suficiente para alumbrar el camino si yo espero que *tú* seas Wonder Woman y tú solo *me* ves como Mr. Increíble.

La bombilla de 100 vatios de la luna de miel *es* sobrehumana.

Por diseño.

Es el principio, la primera vez, el nacimiento. Por eso se llama luna de miel, no matrimonio. No es alcanzable, ni sostenible.

Hasta que tienes una hija.

El 3 de enero de 2010 nació Vida Alves McConaughey.

La única luna de miel que dura para siempre.

LUZ VERDE.

define qué es el éxito para ti

El otro día fui a una tienda de vudú al sur de Nueva Orleans. Había viales de pócimas «mágicas» apilados en columnas con etiquetas que definían lo que te proporcionarían: «Fertilidad», «Salud», «Familia», «Ayuda legal», «Energía», «Perdón», «Dinero».

¿Adivina qué columna estaba agotada? La del dinero. Sí, el dinero es la divisa reina en la actualidad. Dinero es éxito. Cuanto más tenemos, más éxito tenemos, ¿verdad?

Incluso nuestros valores culturales se han convertido en una cuestión de dinero. La humildad ya no está en boga, es demasiado pasiva. Podemos hacernos ricos rápidamente con una estafa en internet, no ser expertos en nada pero serlo en todo si decimos que lo somos, hacernos famosos por nuestros vídeos sexuales y conseguir riqueza, fama, rango y poder, incluso respeto, sin tener una pizca de competencia para nada de valor. Sucede todos los días.

Todos queremos tener éxito. La pregunta que debemos hacernos es: ¿qué es el éxito para nosotros? ¿Más dinero? Vale. ¿Una familia sana? ¿Un matrimonio feliz? ¿Ayudar a los demás? ¿Ser famosos? ¿Ser firmes espiritualmente? ¿Expresarnos? ¿Crear arte? ¿Dejar el mundo en un lugar mejor que el que nos encontramos?

«¿Qué es el éxito para mí?» Continúa haciéndote esa pregunta. ¿De qué modo eres próspero? ¿Cuál es *tu* relevancia? Tu respuesta puede cambiar a lo largo del tiempo y eso no es nada malo, pero hazte un favor: cualquiera que sea tu respuesta, no escojas nada que ponga en peligro tu alma. Prioriza quién eres, lo que quieres ser y no pierdas tiempo con algo que es lo contrario a tu personalidad. No lo apuestes todo a los refrescos: son populares y saben dulces hoy, pero aun así te provocarán caries mañana.

La vida no es un concurso de popularidad. Sé valiente, conquista la colina, pero primero responde a la pregunta: «¿Cuál es mi colina?».

PASÓ UN AÑO.

Me llegaron decenas de ofertas para hacer comedias románticas. *Solo* me llegaron ofertas para hacer comedias románticas. Las leí por consideración, pero no aflojé, me ceñí al plan y finalmente las rechacé todas. Pero *¿hasta qué punto* fui estricto al respecto?

Incluso recibí una oferta de cinco millones de dólares por dos meses de trabajo. La leí. La rechacé.

Luego me ofrecieron ocho millones. No.

A continuación me ofrecieron diez millones. No, gracias.

Después doce millones y medio. Esta vez no, pero... gracias.

Luego catorce millones y medio.

Hum... Deja que vuelva a leerlo.

Y ¿sabes qué? El guion era *mejor*. Era más divertido, más dramático; en general era un guion de *mayor calidad* que el que había leído con la oferta de cinco millones. Era el mismo guion, con exactamente las mismas palabras, pero era muy superior a las versiones previas.

Decliné la oferta.

Si no podía hacer lo que quería, no iba a hacer lo que no quería hacer, sin importar el precio.

LA VERDAD ES COMO UN JALAPEÑO,
CUANTO MÁS TE ACERCAS A LA RAÍZ, MÁS CALIENTE ESTÁ.

El sentido del humor me ayudó a salir adelante, una mujer fuerte a mi lado me mantuvo firme y un hijo pequeño y una hija recién nacida a quien criar me mantuvieron ocupado. Todo me ayudó a hacerme camino a través de mi receso autoinducido de Hollywood. Continuamente tenía que reafirmar mi creencia de que mi resistencia era una forma de gratificación retrasada, que la abstinencia de ese momento era una inversión que me proporcionaría un rendimiento de la inversión mañana, que mi protesta personal con el tiempo iba a mandar valores residuales a mi alma, que yo estaba, como dice Warren Buffett, vendiendo sombreros de paja en invierno. Pero estar fuera del foco, *no trabajar*, *sí* me estaba pasando factura.

Yo siempre he necesitado el trabajo para mi sentido de la trascendencia personal. Durante dieciocho años había tenido el honor de ser adicto a la interpretación y a rodar películas, y ahora, sin ello, mi dependencia me estaba causando una cantidad importante de ansiedad. Con cada oferta de comedia romántica que llegaba no podía evitar pensar en la posibilidad de volver a trabajar en cualquier cosa. Mi necesidad de realización personal me hacía luchar contra la tentación de hacer lo que siempre había tenido el privilegio de poder hacer, a la vez que peleaba *por* la necesidad de que mi arte, mi trabajo, se pareciese más a mí y a mi vida.

PASARON DIEZ MESES MÁS.

Era evidente que la industria, los jefes de los estudios, los productores, los directores, los agentes de casting, todos ellos, *habían* recibido mi mensaje, porque ahora no llegaba *nada*. Ni comedias románticas, ni nada. Ni una sola oferta. Para *nada*.

Ya habían pasado veinte meses desde que dije que no a algo que había definido mi marca hasta entonces.

Tío de comedia romántica. No.

Tío sin camiseta en la playa. No, ni playas ni *paparazzi* en Austin.

Durante veinte meses no le di al público ni a la industria nada más de lo que contaban con que les diera. Nada más de lo que esperaban e incluso daban por sentado que sabían. Durante veinte meses me retiré de la vida pública. En casa, en Texas, con Camila, criaba a Levi y a Vida, me ocupaba del jardín, rezaba, visitaba a viejos amigos, pasaba tiempo con la familia y me mantenía alejado de la recaída. La industria no sabía *dónde* estaba, solo lo que no estaba haciendo. Ojos que no ven, corazón que no siente. Parecía que se habían olvidado de *mí*.

obligaciones voluntarias

Las madres y los padres nos enseñan cosas cuando somos niños. Los profesores, los mentores, el Gobierno y las leyes nos dan pautas para navegar por la vida, reglas que hay que seguir en nombre de la responsabilidad y del orden.

No me refiero a ese tipo de obligaciones. Hablo de las que tenemos con nosotros mismos. Las obligaciones de TÚ contra TÚ. No las normas sociales o las expectativas que reconocemos y conferimos a cualquiera que no seamos nosotros mismos; estas son responsabilidades basadas en la fe que adquirimos por nuestra cuenta, las que definen nuestros principios y nuestra naturaleza.

Son un secreto con nuestro yo interior, protocolos personales, un abogado privado en el tribunal de nuestra propia conciencia, y aunque nadie nos va a dar una medalla o nos va a montar una fiesta cuando las cumplamos, nadie nos interpelará cuando no lo hagamos, porque nadie lo sabrá excepto nosotros.

La almohada de un hombre honesto es su tranquilidad mental, y cuando nos tumbamos sobre la nuestra por la noche, da igual quién esté en nuestra cama: *todos* dormimos solos. Las obligaciones voluntarias son nuestros Pepito Grillo personales, y no hay suficientes policías en el mundo entero para controlarlas; depende de nosotros.

Entonces, después de casi dos años de estar desaparecido de la industria y de mandar un mensaje muy ponderado a Hollywood sobre lo que yo ya *no* era, de pronto, y de forma inesperada, me convertí en algo, una *nueva buena idea*.

El anonimato y el desconocimiento habían engendrado la creatividad. Escoger a Matthew McConaughey como abogado defensor en *El inocente* era entonces un pensamiento nuevo. Seleccionar a McConaughey para el papel protagonista en *Killer Joe* era entonces una idea novedosa.

Richard Linklater me llamó para *Bernie*.

Lee Daniels se puso en contacto conmigo para *El chico del periódico*.

Jeff Nichols escribió *Mud* para mí.

Steven Soderbergh me llamó para *Magic Mike*.

Sí, por decir que *no*.

El objetivo atrajo a la flecha.

Fui recordado por haber sido olvidado.

Me había **des-marcado**.

Yo era un *re*-descubrimiento, y era el momento de *inventar*.

Mi sacrificio se había completado, había capeado el temporal.

Estaba organizado, sabía lo que quería y estaba listo para responder.

Era el momento para *mí* de decir que *sí*, y **re-inventarme**.

A la mierda el dinero. Apuesto por la experiencia.

LUZ VERDE.

tiempo y verdad.

Dos constantes en las que
puedes confiar.

Una aparece por primera
vez cada vez, mientras
que la otra nunca se va.

Me llegó un aluvión de ofertas, casi tantas como después de *Tiempo de matar*. La diferencia esta vez era que sabía qué papeles e historias quería interpretar y tenía un apetito voraz de pasajes dramáticos arriesgados. El apetito de Camila por que su hombre se labrase su propio camino también tenía dientes.

Hubo un momento en que tenía ofertas para papeles en *El chico del periódico*, *Magic Mike* y *Mud*, y todos eran roles que deseaba mucho, pero las planificaciones de producción iban a ser consecutivas, de modo que solo tendría unas pocas semanas entre proyecto y proyecto para prepararme si hacía los tres.

Recuerdo que le dije a Camila:

—Creo que tengo que escoger dos de los tres para tener las ocho semanas que necesito para prepararme para las dos películas que elija hacer.

—¿Tú *quieres* hacer los tres? —preguntó.

—Sí, pero el programa es demasiado ajustado para poder prepararme como creo que necesito.

—Si *quieres* hacer las tres cosas, entonces échale huevos, *grandote*, haz los tres; te las apañarás.

Lo hice, y me las apañé.

Había leído el guion de *Dallas Buyers Club* en el año 2007 e inmediatamente me acoplé a él como el actor que interpretaría al protagonista, Ron Woodroof. Una vez más, me sentía atraído por un personaje en los márgenes de la sociedad, un desamparado, un proscrito que hacía lo que hiciera falta para sobrevivir. Estar *apegado* significaba que tenía el control del guion y que podía intentar que se llevara a cabo, así como aprobar el director. Durante mi periodo sabático de veinte meses y en los años anteriores, ningún director ni inversor se había interesado por hacer un drama sobre el sida con *Matthew McConaughey el de las comedias románticas* como protagonista. Incluso al principio de mi fase de reinvención, con el llamado

McConaissance[*] cobrando fuerza, nadie estaba interesado. Muchos otros actores trataron de tomar el control del guion aparte de mí, y muchos otros directores querían hacer la película con un protagonista distinto, pero yo me aferré a ello con mano firme.

Entonces, en enero de 2012, mi agente me explicó que un director canadiense llamado Jean-Marc Vallée había leído el guion y estaba interesado en reunirse conmigo. Vi una de sus películas, *C.R.A.Z.Y.*, y me gustó por un montón de buenas razones. Humor nada sentimentaloide y un corazón anárquico envolviendo la humanidad de un soñador. También tenía una banda sonora brutal, y aún no tengo ni idea de cómo la consiguió con el presupuesto tan ajustado que tenía. Esto era exactamente lo que sentía que el guion de *Dallas Buyers Club* tenía que llevar a la vida. Nos reunimos en Nueva York y hablamos sobre nuestra pasión por el proyecto. Yo terminaba de hacer *Magic Mike* y estaba en una forma física excelente.

—Este personaje, Ron Woodroof, tiene sida en estadio 4, ¿cómo vas a conseguir tener ese aspecto? —preguntó.

—Es mi trabajo y lo haré —le dije—. Es mi responsabilidad con Ron.

Una semana más tarde accedió a dirigir la película.

Jean-Marc, los productores Robbie Brenner y Rachel Winter y yo planificamos filmar la película en octubre de ese año. Yo pesaba en ese momento 82 kilos; tenía que perder mucho peso. Cinco meses antes de nuestra fecha de inicio «acordada» puse en marcha mi plan para perder peso. Tres claras de huevo por la mañana, 140 gramos de pescado y una taza de verduras al vapor para comer, lo mismo para cenar y todo el vino que quisiera; esa era mi dieta. Perdía algo más de un kilo por semana, como un reloj.

[*] ¿Sabías que **yo** me inventé, acuñé y creé el término *McConaissance*? Sí, lo hice.

Estaba en Sundance presentando *Mud* en 2013 y tenía una entrevista con MTV. Mi trayectoria había sido bastante buena y pensé que necesitaba un eslogan de campaña, un himno, una pegatina de parachoques, pero sabía que no podía salir de mí.

«Ha estado bastante ocupado últimamente, señor McConaughey: *Killer Joe*, *Bernie*, *Magic Mike*, ahora *Mud*. Felicidades», dijo el periodista.

«Gracias, sí, estoy en un gran momento, de hecho el otro día tuve una entrevista y el periodista lo llamó "un McConaissance"», respondí.

«Oh, por Dios, "McConaissance". Es brillante. Podría calar.» Y caló. Nunca le había contado a nadie esta historia hasta ahora.

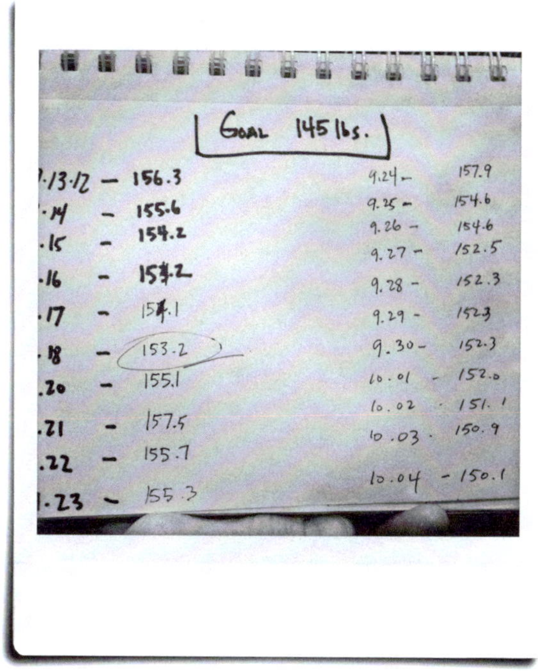

Cuando llegué a los 71 kilos, todavía con peso que perder, recibí una llamada de Martin Scorsese ofreciéndome un papel de dos días como el corredor de bolsa-mentor de Jordan Belfort (Leonardo DiCaprio), Mark Hanna, en la película *El lobo de Wall Street*. ¿Recuerdas lo que dije sobre esas líneas de guion que son una plataforma de lanzamiento? Cuando leí el guion y vi que los secretos de Mark Hanna para ser un corredor de bolsa de éxito eran *la cocaína y las putas*, levanté el vuelo. Delirante o no, se podría escribir una enciclopedia de cualquiera que piense *eso*. Así que empecé a escribirla. En lo que originalmente era una escena mucho más corta en el guion, estallé en un parloteo musical improvisado maravillosamente lunático que terminó siendo la escena que apareció en la película.

Scorsese me dejó jugar y DiCaprio me alentó. ¿Y el sonido resonante del golpeo del pecho? Era algo que hacía *antes* de cada toma para relajarme y mantener el ritmo; fue idea de Leonardo que lo hiciera *en* la escena.

En el negocio del cine todos somos cuentistas.

Eso es lo que hacemos.

Jugamos a hacer creer.

Y cuando lo hacemos bien,

te hacemos creer.

«Rodamos en otoño», le decía a cualquier persona que me preguntara sobre *Dallas Buyers Club*, y también a todos los que no lo hacían.

Igual que mi madre, no pedía permiso.

—No hay dinero para hacer esta película, Matthew. No-hay-película —repetía mi agente.

—Sí que la hay —le replicaba—. Vamos a rodar en otoño.

No estaba dispuesto a encogerme.

Continué perdiendo el peso necesario para contar bien la historia. Había bajado de 82 a 68 kilos, mi cuerpo estaba débil, pero mentalmente me sentía cada vez más fuerte. Cada kilo que perdía físicamente parecía estar canalizándose en la misma cantidad de agudeza mental. Como Ron, me estaba volviendo frío, meticuloso, metódico y perfeccionista. Necesitaba tres horas menos de sueño por la noche y podía be-

berme una botella de vino hasta las 2.00 y seguía pudiéndome levantar a las 4.00 para trabajar en el guion sin necesidad de una alarma. Estaba frenéticamente obsesionado con *mi hombre*, tenía mucha energía, y eso me encantaba. La parte negativa era que, mientras que mi juego mental estaba en lo más alto, la pérdida de peso extrema parecía haber relegado mi libido al banquillo.

El guionista, Craig Borten, me había entregado más de diez horas de grabaciones de Ron en la época en que creó —y posteriormente regentó— el Buyers Club, un centro de venta de medicación alternativa para el tratamiento del sida. Las escuchaba constantemente para apropiarme la entonación y la intención, los momentos de fanfarronería y de vulnerabilidad. Había una parte de la grabación en la que él y otra voz masculina conversaban con dos mujeres que se oían de fondo. Había un trasfondo sediciosamente sexual en la forma en que se hablaban; se podía adivinar que habían tenido actividad sexual entre ellos recientemente. «Pero ¿cómo puede ser?», pensé. Ron tiene sida en estadio 4, no pueden estar... A no ser que *todos* tuviesen sida. Claro. Qué interesante, qué salvaje, qué real. Le llevé la cinta a Jean-Marc para que la escuchara.

—¿Podemos incluir esto en la película de alguna forma? —pregunté.

—Guau, aquí hay algo muy triste y a la vez muy bonito —comentó—, pero no sé cómo podría tratarlo sin que parezca feo.

Jean-Marc y yo no volvimos a hablar de ello, pero, como leeréis más adelante, nunca lo olvidó.

Fui a ver a la hermana y a la hija de Ron Woodroof a su casa, en un pequeño pueblo rural a las afueras de Dallas. Me recibieron con los brazos abiertos y con total confianza como carabina del legado de su hermano y padre. Vimos viejas cintas en VHS de Ron y la familia, de Ron de vacaciones, presumiendo para la cámara, vestido para Halloween. Eran honestas sobre lo que Ron era, lo que no era, y respondieron a todas las preguntas que tenía.

Mientras nos abrazábamos al despedirnos, su hermana preguntó:

—¿Te interesaría su diario? Escribió uno durante años.

—Si me lo permites, sería un honor —añadí.

Mientras que las horas de cintas grabadas me dieron una idea del hombre desde fuera hacia dentro, el diario me dio a conocer quién era desde dentro hacia fuera. Fue mi llave secreta al alma de Ron Woodroof.

Me explicó quién era Ron en las noches solitarias; era entonces cuando compartía sus sueños y miedos con nadie más que con él, y ahora conmigo. Su diario era como lo encontré, quién era *después* de contraer el VIH, pero, aún más importante, quién era *antes*. Recuerdo a un tipo que se tumbaba en la cama una noche entre semana fumándose un porro, dibujando garabatos en una libreta de espiral y escribiendo cosas como esta:

> *«Espero recibir mañana una llamada para ir a instalar esos dos altavoces JVC a casa de Tom y Betty Wickman. Viven al otro lado de la ciudad, a unos 67 km, así que calculo que serán 8 dólares en gasolina para ir y volver, 6 dólares por el cable del altavoz que tengo que suministrar, y con eso me quedarán 24 dólares de los 38 que les cobraré por instalar los altavoces. ¡Maldita sea! Después pasaré por el Sonic para tomar una* ***doble*** *hamburguesa con queso y un bocadito de Nancy.»*

Así que se levantaría temprano a la mañana siguiente, se plancharía su único par de pantalones de vestir, su camisa de botones de manga corta y pondría una pila nueva a su busca mientras se tomaba la segunda taza de café, preparado para obtener un beneficio de veinticuatro dólares por el día de trabajo. Hasta que sonó el busca: el número de Tom y Betty.

—Vamos a cancelar la instalación del altavoz de hoy. Hemos encontrado una empresa que nos cuesta un poco más que tú pero que asegura el trabajo. Gracias, Ron.

«Maldita sea», escribió.

Y entonces se colocaba e iba a aquel Sonic, a pesar de todo. Compraba una hamburguesa simple en lugar de una doble y flirteaba con Nancy Blankenship, de quien pensaba que era bastante mona, especialmente cuando patinaba hasta la puerta de su coche con su pedido y sonreía dejando visible su diente manchado.

«Ella es mi 16 de la suerte», escribió.

Llegué a averiguar que el 16 era el número de habitación del motel de dos estrellas más cercano donde él y Nancy Blankenship echaban un polvo de tanto en tanto. Por eso era el *de la suerte*.

Ron se inventaba cosas pero no seguía un patrón. Hacía planes, pero casi nunca sucedían. Era un soñador, y no podía tener un golpe de suerte.

Mientras tanto, Jean-Marc Vallée y los productores continuaron seleccionando a los actores y al equipo de la película, y exploraron localizaciones en Nueva Orleans. No pidieron permiso. No flaquearon. Aun así, *sí* se necesita dinero para hacer una película, y nos estábamos quedando sin tiempo para nuestro farol. Solo que no íbamos de farol, y yo seguía perdiendo peso.

—¡Vamos a rodar en Nueva Orleans en otoño! ¡El día de inicio es el 1 de octubre! —declaramos una vez más en alto a cualquiera que preguntase y también a quien no lo hiciese.

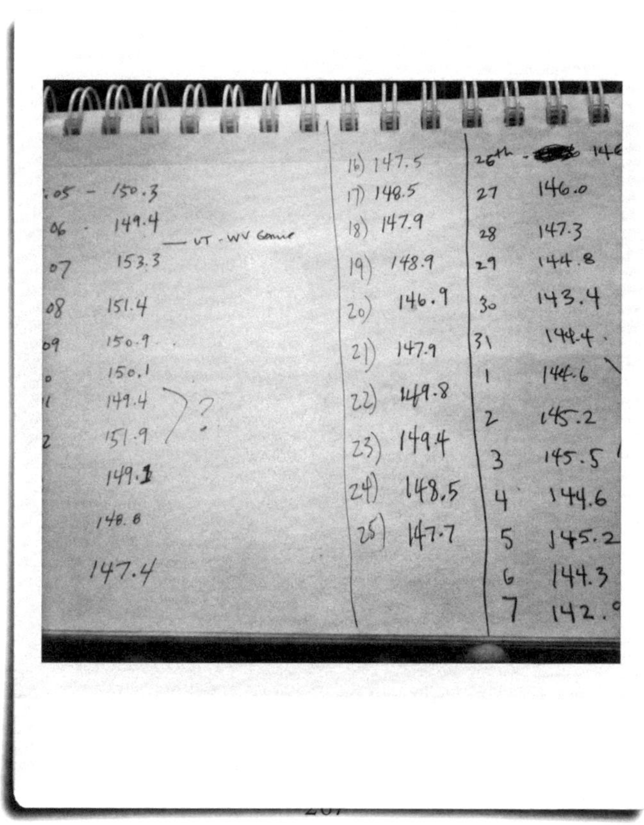

Finalmente, alguien nos creyó, o creyó *en* nosotros, porque ese alguien puso 4,9 millones de dólares para financiar el film. No eran los siete millones que se habían presupuestado para la película, pero era suficiente para que nos pusiéramos en marcha. Ocho días antes de la fecha de inicio del rodaje en Nueva Orleans recibí una llamada de Jean-Marc.

—No sé cómo voy a filmar esta película con 4,9 millones de dólares —reconoció—. El presupuesto mínimo para llevarla a cabo son siete millones, pero si tú vas a estar allí el primer día, yo también voy a estar allí, y haremos lo que se pueda hacer.

Ambos nos presentamos.

—He estado pensando en esas cintas que me pusiste de Ron y las chicas y tengo una idea —me dijo Jean-Marc cuando llevábamos un par de semanas de rodaje—. En la escena del guion en la que el negocio de Ron está funcionando bien, ¿qué te parece si tú estás en tu oficina en la habitación del motel de al lado y en la cola de gente que viene a comprar medicamentos para el sida ves a una chica que te parece atractiva y le preguntas a tu secretaria si la chica tiene VIH? «Sí, tiene sida en estado avanzado», te responde. Y entonces vemos a Ron y a esta mujer follando en la ducha del cuarto de baño, por necesidad y por supervivencia.

—Suena bonito y auténtico. ¿Sabes cómo hacer que no sea desagradable? —le pregunté.

—Sí —dijo.

Cuando ves la escena entiendes por qué la hizo. Es humana, desgarradora y divertida. Mientras Ron y la mujer están echando un polvo en la ducha de al lado, Jean-Marc corta a la oficina, donde *vemos* cómo las secretarias y los clientes los *oyen*, y entonces se miran unos a otros con una ligera sorpresa y sonrisas pícaras de complacencia y compasión. Jean-Marc mostró la humanidad con humor. Hizo bonito lo que no sabía cómo hacer que no fuera feo.

Hicimos *Dallas Buyers Club* en veinticinco días con un presupuesto de 4,9 millones de dólares.

No pedimos permiso.

No nos encogimos.

Conquistamos la colina.

Adelgacé hasta llegar a 61 kilos.

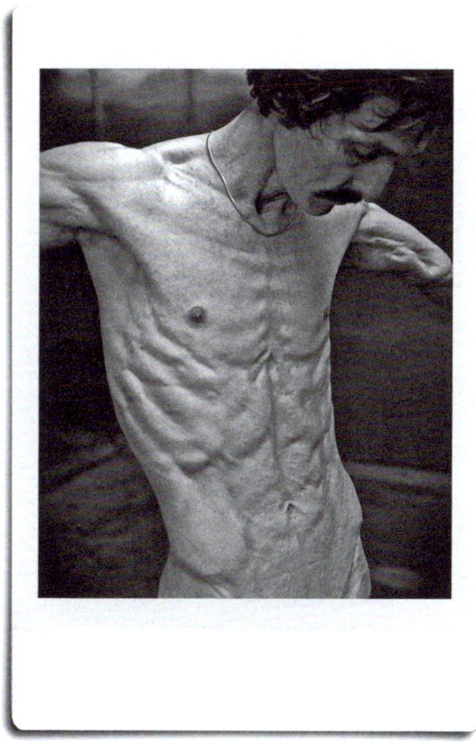

LUZ VERDE.

octava parte

VIVE AHORA
TU LEGADO

7 DE NOVIEMBRE DE 2011

—¿POR QUÉ MAMÁ NO ES UNA MCCONAUGHEY? —me preguntó un día mi curioso hijo de tres años, Levi.

—¿Qué quieres decir? —pregunté.

—Yo soy Levi McConaughey, Vida es Vida McConaughey, pero mamá es Camila Alves. ¿Por qué no tiene nuestro apellido?

Me quedé pensando un segundo.

—Porque aún no nos hemos casado.

—¿Por qué no? —preguntó.

Si eres padre, sabrás que hay preguntas que hacen nuestros hijos de las que, tan pronto como las palabras salen de su boca, *sabemos* que más vale que tengamos una respuesta genial, porque lo que digamos a continuación va a quedar marcado en su memoria de por vida. Esta era una de esas veces.

—Buena pregunta... Yo *quiero* casarme con mamá. Es solo que no siento la *necesidad* de hacerlo. Si me caso con mamá, quiero sentir que es porque *necesito* hacerlo. No quiero hacerlo porque *es lo que se supone que hay que hacer*, o simplemente porque *quiero*; quiero hacerlo cuando *eso sea lo que tengo que hacer.*

—¿Te da miedo casarte? —preguntó.

Otra de *esas* preguntas. Estaba en el estrado. Al parecer, mi hijo de tres años había heredado mi talento para el debate y mi habilidad para el interrogatorio. Pensé de nuevo.

—Sí, supongo que me da un poco de miedo.

—¿Miedo de qué?

—... de perderme —dije.

Al día siguiente fui a visitar a mi pastor.

Hablamos del sacramento del matrimonio y de superar mis miedos. Me habló del misterio del matrimonio y de cómo, cuando dos personas que están destinadas a estar juntas se unen, la aventura de vivir uno al lado del otro no borra el sentido de identidad de uno mismo, sino que lo ilumina y lo conforma. De que cuando dos personas se unen en matrimonio, ambas llegan como un solo ser, y que en el matrimonio no *perdemos* la mitad de nosotros, sino que nos volvemos *más* nosotros. Con este compromiso con Dios, y con nuestra esposa, en realidad triplicamos nuestra existencia y nos convertimos en tres veces lo que somos. Tres entidades: esposa, marido *y* Dios, unidas, unánimes. 1 × 1 = 3. Una multiplicación mística.

—Hace falta valor y sacrificio —dijo. Y luego me retó—: ¿Qué representa un riesgo mayor para ti, Matthew? ¿Embarcarte en *esta* aventura o continuar con la que tienes ahora?

El reto. Me hizo pensar. Me pasé las semanas siguientes hablando de ello con mi pastor, con mi hermano y con hombres que habían triunfado en su matrimonio. Pronto, por primera vez en mi vida, reuní el valor para ver el matrimonio no como el destino final, sino como una nueva expedición, una elección positiva y sentida para ser algo más, juntos, con la mujer con la que *quería* pasar el resto de mi vida y la única madre con la que quería estar disfrutando en mi octogésimo octavo cumpleaños. Por primera vez empecé a ver el matrimonio como algo más que una autorización bíblica y legislativa que se *suponía* que debía sentirme responsable de representar. Casarme con Camila se convirtió en algo que *necesitaba* hacer.

Me arrodillé y le propuse matrimonio el día del cumpleaños de Jesús, en 2011.

Aceptó.

Pero no pusimos fecha para la ceremonia.

si solo vivís juntos, vivís para el presente.

si os casáis, vivís para el futuro.

Lili Fini Zanuck

Podría parecer que Camila es todo lo contrario a mi madre, pero en mayo de 2012, cinco meses después de mi proposición, me hizo exactamente lo que mi madre le había hecho a mi padre, solo que con una gratificación extra: me dio una invitación a mi propia boda.

—Claro —dije—, solo necesito una fecha.

Y entonces me mostró otra ecografía.

—Tengo a nuestro tercer hijo creciendo en la barriga, cariño, y no voy a caminar por el pasillo el día de mi boda con un bombo.

Invitamos a 88 personas entre amigos íntimos y familia. Pusimos 44 carpas en el jardín para albergar a esos 88 invitados durante un fin de semana entero de tres días, y menos de un mes después, el 13 de junio de 2012, Camila Araujo Alves se convirtió en Camila Alves McConaughey.

El hermano Christian del monasterio ofició la ceremonia católica; nuestro pastor local, Dave Haney, hizo los saludos introductorios; el cantante John Mellencamp interpretó los salmos y una sacerdotisa candomblé nos bendijo en la magia afrobrasileña.

Mi hermano Rooster me dijo después de la boda:

—Hermanito, si *hay* un cielo, creo que te lo has ganado.

Aquella noche, en el altar, Camila me miró a los ojos y dijo:

—No quiero nada, solo *todo* lo que tú tienes que ofrecer.

Yo no me casé con la mujer de mis sueños aquella noche, me casé con la mejor sobre la faz de la Tierra para mí, y es una sirena.

Sin miedo y en busca de un nuevo misterio, me comprometí con el compromiso y, por primera vez en mi vida, sentí que podía tambalearme y no caer. Sabía que sería más difícil porque ahora, como marido y mujer, había más *por* lo que trabajar. Ya no perseguíamos mariposas: Camila y yo sembramos nuestro jardín para que pudieran venir a nosotros.

Mi madre finalmente pudo guardar el típex. Y Levi tenía una pregunta menos.

LUZ VERDE.

Yo había conocido a dos hombres llamados Livingston en mi vida. Ambos eran hombres a quienes primero había advertido desde la distancia, de forma similar a como vi a Camila en el club aquella noche. Fueron *impresiones*. Los dos eran hombres íntegros, fuertes y sólidos, y se comportaban con honor, principios y una especie de aristocracia adquirida. Leñadores de día, directores de filarmónica de noche. Auténticos hombres del Renacimiento, muy versados en *el arte de vivir*. Llegué a conocer a aquellos hombres bastante bien con el tiempo y después de una inspección más de cerca, y ambos resultaron ser la definición misma de mi primera impresión.

Quería conocer a un tercero.

Así que el 28 de diciembre de 2012, a las 7.43, nació **Livingston** Alves McConaughey.

LUZ VERDE.

Tenía una vida más plena que nunca. Casado y con tres hijos, como mi padre, encontraba inspiración en todas partes, pero ahora en verdades, no en ideas. Poco impresionado por mi éxito, estaba involucrado en algo, queriendo lo que necesitaba y necesitando lo que quería. Cuanto más éxito tenía, más sobrio me volvía; me gustaba tanto mi compañía que no quería interrumpirla.

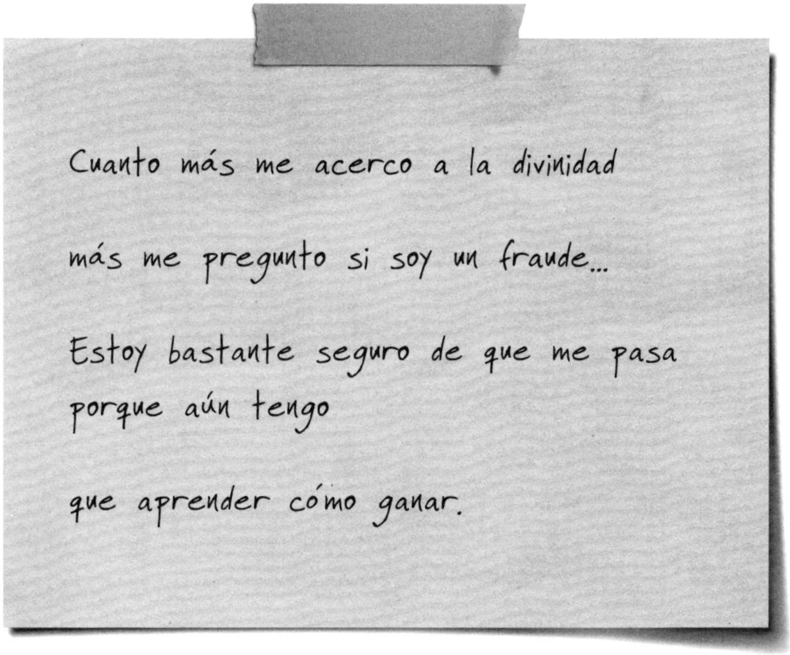

Cuanto más me acerco a la divinidad

más me pregunto si soy un fraude...

Estoy bastante seguro de que me pasa
porque aún tengo

que aprender cómo ganar.

Recibí una oferta para un papel protagonista en una serie de ocho episodios para HBO llamada *True Detective*. El guion de Nic Pizzolatto era tan ardiente que podía sentir cómo brotaba la sangre de él. El hecho de que fuese para la pequeña pantalla no me hizo dudar, porque la historia y los personajes tenían unas personalidades muy claras y auténticas. Me ofrecieron el papel de Marty Hart aunque el rol que yo quería era el de Rustin Cohle, el mejor detective con el que me había topado. Ansiaba pasar la página para ver qué saldría de su boca a continuación. Un lobo solitario que vivía entre el respeto mortal a la muerte y la necesidad inmortal de su salvación. Un hombre que, alejado de todo sentimentalismo, buscaba ferozmente la verdad sin importar cuánto quemase. Me inquietó de verdad.

—Si puedo ser Rustin Cohle, contad conmigo —les propuse.

Después de un par de días de sopesar mi idea, Nic; el director, Cary Joji Fukunaga, y los productores, accedieron a ofrecerme al señor Rustin Cohle. Mi gran amigo Woody Harrelson subió a bordo para el papel de Marty Hart. Afortunadamente no había interpretado a ningún personaje que engendrase imitadores asesinos desde la última vez.

Pronto mi familia y yo hicimos las maletas y nos trasladamos a Nueva Orleans para los seis meses de rodaje.

Siempre había tenido debilidad por la Ciudad de la Media Luna. Tal vez porque mi padre creció allí y mi familia visitaba a su madre y a sus hermanas para el Blessing of the Fleets Shrimp Festival todos los años cuando era niño. Quizá porque también había filmado cuatro de mis cinco últimas películas allí. Tal vez porque si quieres saber si estás en la parte buena de la ciudad o en la mala, la lógica rítmica de los lugareños te lo dirá:

«Bueno, señor, siempre hay algo malo en las partes buenas y algo bueno en las partes malas.»

Siempre me he sentido como en casa allí.

Los lugares son como las personas: cada uno tiene una identidad particular. En todos mis viajes alrededor del mundo he escrito en mi diario sobre la cultura de un lugar, sobre su identidad. Si un sitio y su gente me emocionan, les escribiré una carta de amor. Nueva Orleans es uno de esos sitios.

Cuando empezó a emitirse *True Detective*, Camila y yo la veíamos todos los domingos por la noche, como todo el mundo. Obviamente, yo había tenido la oportunidad de verla entera de una sentada antes de su lanzamiento, pero elegí digerirla tal como estaba pensada para ser consumida: una hora cada domingo por la noche, seguida de una charla trivial el lunes por la mañana, en anticipación del siguiente episodio. Era mi programa favorito de la televisión. Lo sigue siendo.

Querida Nueva Orleans,

Qué desorden tan grande y bonito eres. Una luz amarilla gigante que parpadea: proceda con precaución, pero proceda.

Sin ser excesivamente ambiciosa, tienes una identidad fuerte, y no miras fuera de ti en busca de intriga, evolución o consignas de progreso. Orgullosa de quién eres, conoces tu sabor, es el tuyo, y si la gente quiere venir a probarlo, les das la bienvenida sin que te lo pidan.

Tus horas se escurren, los martes y los sábados son más parecidos que en cualquier otro lugar. Tus estaciones fluyen. Eres la *Big Easy*..., el hogar de la resaca más corta del planeta, donde una copa te recibe un lunes por la mañana con la misma sonrisa con la que lo hizo el sábado por la noche.

Hogar del porche *delantero*, no el *trasero*. Esta hazaña de la ingeniería te proporciona gran parte de tu sentido de la comunidad y el compañerismo mientras te relajas mirando a la calle, con tus vecinos enfrente. En lugar de refugiarte en la privacidad del patio *trasero*, te involucras con lo que está pasando en el mundo a tu alrededor, en tu porche *delantero*. Las propiedades privadas se invaden unas a otras con hospitalidad y traspasan las fronteras donde la alarma de las 9.00 son campanas de iglesia, sirenas y un carpintero que trabaja por ocho dólares la hora que se mueve lentamente clavando un cristal dos puertas más abajo.

No te preocupas por los detalles o las fechorías y, como todo el mundo se está librando de algo de todos modos, el resto solo quiere estar en el lado ganador. Y si puedes manejar la estafa, bien por ti, porque te encanta apostar y las reglas están para romperlas, así que no prediques sobre ellas, acátalas. Quitando la oración y el litigio, ¿dónde más podían descansar los muertos al mismo nivel que los vivos?

Eres una ciudad del hemisferio derecho del cerebro. No te presentas luciendo tus valores en las mangas a no ser que quieras que te quemen los brazos. La humedad acaba con la mayor parte de la razón, de modo que si vas a cruzar una calle de sentido único es mejor que mires a los dos lados.

La Madre Naturaleza gobierna, la ley natural de la Q mayúscula de *Queen* reina suprema, una ciencia para los animales, una zorra autoritaria y desconsiderada para nosotros, los bípedos. Pero la perdonas, y rápido, porque sabes que cualquier desprecio con su ira cosechará más cosas: mala suerte, vudú, karma. Así que te dejas llevar, más bien serpenteas, moviéndote lentamente hacia delante, tomándotelo todo con calma, no preocupándote nunca por los detalles. Tu arte está *en* tu sobrecrecimiento. La Madre Naturaleza lleva la corona aquí, su realeza gobierna y, al contrario que en Inglaterra, tiene a la vez influencia y poder.

No usas aspiradoras, no; usas escobas y rastrillos para ponerte guapa. Donde cae es donde se queda, el quiebro para esquivar el bache, el pato bajo la rama, la pobreza y la tasa de asesinatos, todo ello, tal como es y tal como ha resultado ser. Como un gumbo, tu popurrí está en la mezcla.

7 de junio de 2013, Nueva Orleans (Louisiana)

Al mismo tiempo que se televisaba, yo estaba de gira haciendo campaña para la temporada de premios con *Dallas Buyers Club*. Mirando atrás, me doy cuenta de que en muchos sentidos mi papel y mi trabajo en *True Detective* fueron un MVP para mi candidatura a Mejor Actor por *Dallas Buyers Club*. Fue una cruzada semanal para mí, la mejor publicidad que el dinero no podía comprar. Allí estaba yo, en tu sala de estar cada domingo por la noche como Rustin Cohle, y al día siguiente en tu cara como Ron Woodroof en el periodo de campaña.

Los Premios de la Crítica, los Globos de Oro, los Independent Spirit y los Premios del Sindicato de Actores me nominaron para el galardón al Mejor Actor por mi interpretación de Ron Woodroof. Lo siguiente era la ceremonia final del año: los Oscar.

No había preparado un discurso porque pensaba que verdaderamente sería *mal karma*, pero sí tenía una lista corta de lo que quería decir *si*, de hecho, la Academia *sí* anunciaba mi nombre.

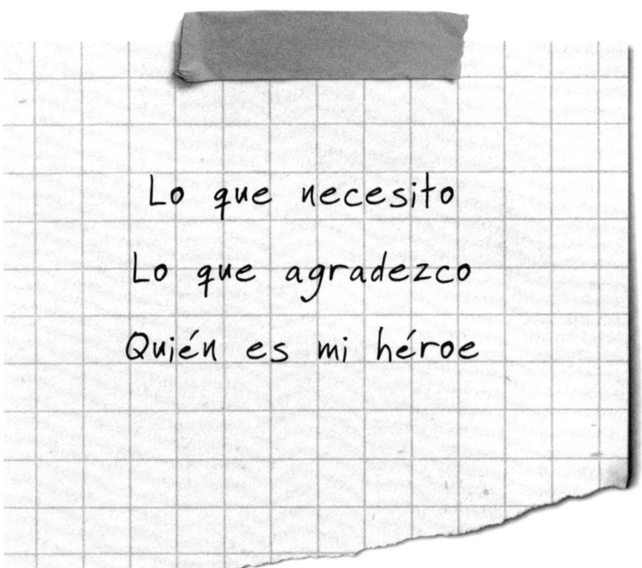

Anunciaron mi nombre.

Gané el Oscar al Mejor Actor.

Me sentí muy honrado por recibir este premio que representa la cumbre de la excelencia en mi profesión. También fue una validación de que mis elecciones como actor se estaban traduciendo en un oficio altamente competente. No lo estaba haciendo a medias.

LUZ VERDE.

Hay una diferencia entre el arte y la expresión personal.

Todo arte es expresión personal.

No toda expresión personal es arte.

Después hice *Interstellar*, con Chris Nolan; *El bosque de los sueños*, con Gus Van Sant; *Los hombres libres de Jones*, con Gary Ross; *Gold, la gran estafa*, con Stephen Gaghan; *White Boy Rick*, con Yann Demange; *Serenity*, con Steven Knight; *The Beach Bum*, con Harmony Korine, y *The Gentlemen: Los señores de la mafia*, con Guy Ritchie. También rodé algunas películas para mis hijos: *Kubo y las dos cuerdas mágicas*, con Travis

Knight, y *¡Canta!* y *Sing 2*, con Garth Jennings. También me convertí en un vendedor de coches de éxito como embajador de la marca Lincoln Motor Company, así como en director creativo para el bourbon Wild Turkey.

Todo eran personajes y creaciones que quería investigar, habitar, y en los que quería convertirme.

Todo eran historias que me parecían fascinantes, originales y que creía que merecía la pena contar.

Todas eran experiencias que no cambiaría por nada.

Pero hubo muy pocos éxitos de taquilla. Algo *no* se estaba traduciendo. Yo estaba invitando al público pero había asientos vacíos en el cine.

¿Era yo? ¿La temática? ¿Las películas en sí mismas? ¿Los distribuidores? ¿Mala suerte? ¿Tiempos cambiantes?

No estoy seguro. Un poco de cada cosa, supongo.

Los fracasos en taquilla no enfriaron mi amor por la interpretación. Si acaso me volvieron aún más comprometido con mi oficio. Me encantaba actuar. Me encantaba crear. Adoraba perderme en un personaje y luego encontrarme. Me encantaba llegar tan al fondo como para ver a mi hombre desde dentro hacia fuera. Adoraba el *trabajo*, el proceso, la construcción, la arquitectura de construir y adueñarme de *mi hombre*. Me encantaba tener cerca a una mujer que nunca interrumpía mi creencia de que cada papel que interpretaba era el único y el último que representaría. Adoraba actuar más que nunca.

Tanto es así que empecé a notar que los personajes y las películas que estaba haciendo parecían *más* vitales que yo y que *la historia era mi vida*. En ese momento de mi carrera yo era más que un animador; era un actor, un artista. Y eso me satisfacía. Mi carrera era plena. Salvaje. Peligrosa. Esencial. Relevante. Dinámica. Me reía más alto, lloraba más, amaba mejor, detestaba de forma más profunda y sentía más con los personajes que interpretaba en las películas que con mi propia vida.

Me dije: «Le diste la vuelta al guion, McConaughey; inclinaste la balanza hacia el otro lado».

¿Por qué rezar?

Es un momento para hacer inventario.

Para echar un vistazo desde lo alto y lo ancho hacia nuestro interior, nuestros seres queridos, nuestra mortalidad.

Es un momento para sonreír ante nuestras bendiciones,

para humillar nuestros anhelos egoístas,

para abrazar a quienes sabemos que necesitan nuestra compasión,

y verlos en nuestra mente como sus versiones más auténticas,

una instantánea, por los recuerdos,

de aquellos a quienes conocemos y por quienes nos preocupamos,

cuando eran más ellos mismos.

Ni los más felices ni los más orgullosos,

ni los más tristes ni los más reflexivos,

pero esa imagen de ellos que vemos, sin

publicidad o deseo,

la luz brilla en su interior,

y finalmente nos vemos a nosotros mismos igual,

antes de decir amén.

Cuando somos quienes somos, y nadie más.

Estaba *más* vivo en las películas que en mi vida.

Las historias en mi profesión me parecían más vibrantes que la historia que yo estaba viviendo.

Impresiones en el espejo.

Era el momento de hacer un cambio.

Así que tracé un plan.

Había llegado el momento de deshacerse de los filtros. De hacer de mi vida mi película favorita. De vivir mi personaje preferido. De escribir mi propio guion. De dirigir mi propia historia. De ser mi biografía. De hacer mi propio documental sobre mí. No ficción. En directo, no grabado. Era el momento de **atrapar a ese héroe a quien andaba persiguiendo**, de ver si el sol derretiría la cera que sujetaba mis alas o si el calor era solo un espejismo. De vivir mi legado. De dejar de actuar como si fuera yo y ser yo.

De modo que reuní treinta y cinco años de mis escritos sobre los últimos cincuenta y los llevé a lugares desolados para buscar su prudencia, escuchar su historia y hacer inventario de mi inversión: yo.

Me pasé dos semanas solo en el desierto donde fui concebido, dos más en el río donde aprendí a nadar, otras dos en una cabaña enclavada en los bosques de pinos del este de Texas, tres más en una habitación en un motel en la frontera mexicana y otras dos encerrado en un apartamento en Nueva York.

En cada uno de estos lugares me miré fijamente a los ojos. A mis cincuenta años. Era una propuesta aterradora. Solo con la única persona responsable de *todo*. La única persona de la que no puedo librarme. No estaba seguro de si me gustaría lo que vería. Sabía que las cosas podían ponerse jodidas.

Y lo hice.

Me reí. Lloré. Peleé. Me sorprendí.

También pasé los *mejores* momentos con la *mejor* compañía que he tenido en mi vida.

amigos

Mientras estamos aquí,
donde creemos más que sabemos,
disfrutamos teniendo éxito.
No tenemos que mirar por encima del hombro
cuando seguimos nuestro propio consejo,
escribiendo **nuestro** libro,
la estrella de nuestra historia,
viajando hacia líneas de meta inmortales
donde nos hacemos amigos
de nosotros mismos.

Así que aquí estoy, con cincuenta años, mirando atrás para mirar hacia delante.

¿De qué va todo esto? ¿Cuál es mi tesis? ¿Mi conclusión? ¿Mi resumen? ¿Mis comentarios finales? ¿Qué he aprendido? ¿Qué sé?

Como antropólogo de salón, filósofo popular y poeta callejero en busca de la verdad, he seguido indicios celestiales, he hecho asociaciones, he escuchado muchas voces y me he enfrentado a la realidad literalmente persiguiendo mis sueños.

He alquilado, he tenido aventuras, pasatiempos, amoríos y he perseguido mariposas hacia quién sabe dónde, todo paradas, sin estancias en el camino de mi currículum hacia donde estoy ahora. He encontrado posesiones, leyes, relaciones, carreras, una esposa y familia, y he echado anclas innegociables al hacerlo. Cuando regaba *sus* jardines, brotaban a la vida, y las lecciones aprendidas iban desde la planificación hasta la interpretación, desde *saber* hasta *hacer*, desde actuar hasta ser. Fue entonces cuando las mariposas empezaron a venir a mi jardín.

Escribí este libro para poder tener un registro escrito del que poder responder. Escribí este libro para que *tú* puedas retarme y recordarme lo que he olvidado. Me he movido en círculos hacia tiempos anteriores; lecciones aprendidas, repetidas y reconsideradas. Me he dado cuenta de que la comprensión llegó pronto, el aprendizaje llevó tiempo, y vivir fue la parte más difícil. **Me encontré justo donde me había dejado**.

En mis primeros veinte años de vida aprendí el valor de los valores. A través de la disciplina y un profundo cariño, aprendí respeto, responsabilidad, creatividad, coraje, perseverancia, justicia, servicio, buen humor y un espíritu aventurero de formas que algunas personas podrían considerar abusivas pero que yo recuerdo como amor duro, y no cambiaría ni uno de los azotes en el trasero que recibí por el valor de los valores que me imprimieron mis padres. Les doy las gracias por ello.

Mis veinte y mis treinta fueron décadas contradictorias, años en los que descarté condiciones y verdades que iban en contra de mi naturaleza. El valor de esta era conservadora fue protegerme de deudas fatales de carácter tempranas. Fue una época en la que a menudo me preocupaba más por *no* saltarme semáforos en rojo que por invertir en semáforos en verde. Hacía lo que quería, aprendí a vivir. **Sobrevivía**.

Mis cuarenta fueron una década mucho más de afirmación, unos años en los que empecé a jugar al ataque con verdades que había aprendido y las puse en práctica. Una era en la que me obstiné en lo que me nutría. El valor de esta época liberal fue que alumbró mis recursos de carácter más vivificantes. Fue una época en la que no solo crucé más semáforos en verde porque había eliminado más rojos y amarillos, sino también una en la que creé más semáforos en verde por los que pasar. Un tiempo en que las luces rojas y amarillas del pasado finalmente se convirtieron en verdes, a medida que las antiguas adversidades se revelaron como buena fortuna; un momento en que las luces verdes irradiaban más brillo porque les di el poder de brillar. Hacía lo que tenía que hacer, vivía para aprender. **Progresaba**.

Mientras me acerco al siguiente capítulo de verdades que atravesar, lo único de lo que estoy seguro es que volveré a calibrarme, y que mi familia estará en el centro cuando lo haga. Como padre me contradigo muchas veces, y sé que podría hacerlo mejor en el sentido de poner en práctica lo que predico, pero también he aprendido que si el mensaje es auténtico, no lo olvides y perdona al mensajero, incluso si él lo hace.

Espero dar a mis hijos la oportunidad de encontrar lo que les gusta hacer, de que se esfuercen por ser buenos en ello, de que lo persigan y lo hagan. En lugar de taparles los ojos ante las verdades desagradables, quiero cubrirles los ojos ante las fantasías imaginarias que perjudican su capacidad para negociar la realidad del mañana. Creo que podrán arreglárselas.

Es difícil encontrar constantes, leyes naturales, verdades universales en la vida, pero cuando tenemos hijos no hay ninguna discusión intelectual o filosofía sobre cómo o cuánto amarlos, protegerlos y guiarlos: es un compromiso instintivo, una responsabilidad inmediata, infinita y creciente. Un privilegio. Una luz verde.

Cuando estaba dándole los últimos toques a este libro, a principios de 2020, mi vida, como la tuya, fue interrumpida por un drama de luz roja llamado COVID-19. La perturbación que ha generado en nuestras vidas ha sido **inevitable**. Hemos tenido que quedarnos en casa, mantener la distancia social y llevar mascarillas para protegernos. No hemos podido ir a trabajar, hemos perdido puestos de trabajo y seres queridos, y nunca hemos sabido realmente cuándo terminará. Nos hemos asustado y nos hemos enfadado. Todos hemos tenido que hacer sacrificios, pivotar, persistir y lidiar con ello; hemos tenido que **relativizar**.

El tumultuoso inicio de 2020 continuó con otro drama de luz roja en forma del asesinato de George Floyd. Su irrupción en nuestras vidas pronto se convirtió también en algo **inevitable**. Hubo protestas, saqueos, disturbios, miedo e indignación. El injusto asesinato desencadenó una revolución social en América y en todo el mundo, y mientras el racismo alzó su fea cabeza hacia el foco de atención una vez más, se nos recordó que Todas Las Vidas no podrían importar hasta que las

Vidas Negras importasen más. Todos tuvimos que hacer sacrificios, pivotar, persistir y lidiar con ello; tuvimos que **relativizar**.

Estas dos luces rojas nos han forzado hacia nuestro interior; nos han puesto literalmente en cuarentena para que busquemos en nuestras almas una forma mejor de avanzar. Al hacerlo, hicimos inventario de nuestras vidas y de quiénes somos en ellas: qué nos preocupa, cuáles son nuestras prioridades, qué es lo que importa. Conocimos mejor a nuestros hijos, a nuestras familias y a nosotros mismos. Leímos, escribimos, rezamos, lloramos, escuchamos, gritamos, nos expresamos, nos manifestamos, ayudamos a quienes lo necesitaban. ¿Pero cuántas cosas cambiamos definitivamente, por nuestro bien *y* para siempre?

Para quienes hemos sobrevivido, cuándo y cómo veamos los beneficios de lo que hemos pasado durante estos tiempos turbulentos es algo **relativo**. Pero si trabajamos individualmente para llevar a cabo los cambios justificados para un mañana más justo y con más valores, el año en rojo que una vez fue el 2020 en el retrovisor de la vida **inevitablemente** se volverá verde, y tal vez podremos verlo como uno de nuestros mejores momentos.

Venerando los valores que mis padres predicaban y habiendo viajado por todo el mundo, valoro la cultura y una cultura de valores. También creo en el valor de hacer las cosas bien. Convencido de que el mejor camino para nosotros y para la sociedad es el que conduce a tener más **valores** y **conocimiento**, el año pasado asumí la posición de ministro de Cultura, y trabajo para preservar y promover una *cultura del conocimiento y de los valores compartidos* en las ciudades, las instituciones, las universidades, el mundo académico y el del deporte. Bipartitos y aconfesionales, los valores no son solo principios rectores con los que todos podemos estar de acuerdo; es la ética fundamental que une a las personas. Cuando somos competentes en nuestros valores *y* ponemos más en valor el conocimiento creamos una sociedad más valiosa, lo cual significa más retorno en nuestra inversión: nosotros.

Esto me lleva de nuevo a la otra razón por la que escribí este libro. Espero que pueda serte útil y echarte una mano si es necesario; que pueda enseñarte algo, inspirarte, hacerte reír, recordarte cosas, ayudarte a olvidar, y aportarte algunas herramientas de la vida para avanzar siendo más tú mismo. ¿Yo? No he alcanzado la excelencia en el arte de vivir, pero no me importa, y prefiero un suficiente experimentado a un excelente ignorante.

Siempre he pensado que la ciencia de la satisfacción trata sobre aprender cuándo y cómo lidiar con los retos a los que nos enfrentamos en la vida. Cuando puedas diseñar tu propio clima, fúndete en la brisa. Cuando estés atrapado en la tormenta, reza por tener suerte y saca lo mejor de ella. Todos tenemos cicatrices, y adquiriremos más. Así que antes que luchar contra el tiempo y desperdiciarlo, bailemos *con* el tiempo y amorticémoslo, porque no vivimos más cuando intentamos no morir, vivimos más cuando estamos demasiado ocupados viviendo.

Al navegar por el mal tiempo de mi propia vida, relativizar lo inevitable ha sido clave en mi éxito.

Relativamente, estamos viviendo. La vida es nuestro currículum. Es nuestra historia que contar, y las decisiones que tomamos escriben los capítulos. ¿Podemos vivir de un modo en que ansiamos mirar atrás?

Inevitablemente, vamos a morir. Nuestra elegía, nuestra historia, la contarán otros, y nos darán a conocer para siempre cuando no estemos.

El Objetivo del Alma. Empieza con el final en mente.

¿Cuál es tu historia?

Esta es la mía hasta ahora.

LUZ VERDE.

Para que sigas atrapándolas.

Simplemente sigue viviendo,

MATTHEW McCONAUGHEY

p.d.

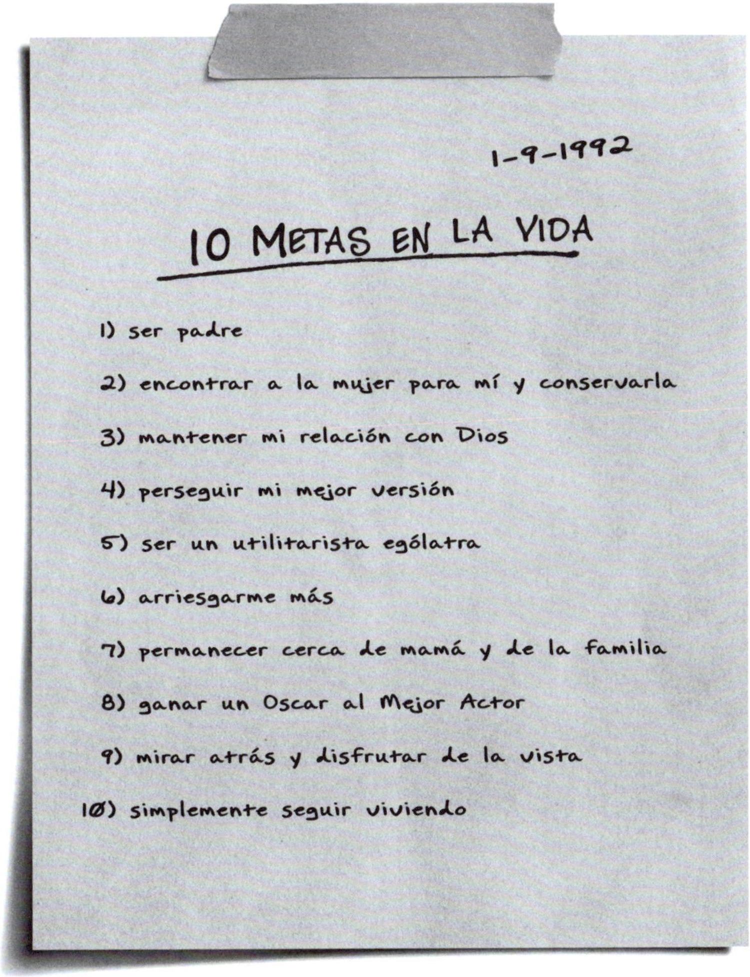

1-9-1992

10 METAS EN LA VIDA

1) ser padre
2) encontrar a la mujer para mí y conservarla
3) mantener mi relación con Dios
4) perseguir mi mejor versión
5) ser un utilitarista ególatra
6) arriesgarme más
7) permanecer cerca de mamá y de la familia
8) ganar un Oscar al Mejor Actor
9) mirar atrás y disfrutar de la vista
10) simplemente seguir viviendo

Mientras escribía este libro encontré esto en una pila con mis notas y garabatos en mi diario, en tarjetas, en servilletas o en posavasos. No lo había vuelto a ver desde que lo escribí. Fíjate en la fecha. Dos días después de terminar mi primer papel como Wooderson en *Movida del 76*. Catorce días después de la muerte de mi padre. (Como he dicho, supongo que recuerdo más cosas de las que he olvidado.)

LUZ VERDE.

Agradecimientos

Gracias a mis padres y hermanos, por darme una familia; a mi esposa y a mis hijos, por crear la mía, y a los innumerables personajes, inspiraciones e ideales que me he encontrado por el camino hasta ahora. Gracias a mis héroes, desde Pat hasta Mellencamp y yo dentro de diez años, y a toda la gente que me dio poemas que había olvidado que había escrito.

A mis amigos, como Seth Robbins Bindler, por el coraje de explorar; a Australia, por la soledad; a Don Phillips, por la visión; a Richard Linklater, por todo lo visto; a Cole Hauser, por la personalidad; a Gus, por la lealtad; a Kevin Morris, por lo absoluto; a Mark Gustawes, por la creencia; a Mark Norby, por la simplicidad; a John Chaney, por la mano firme; a Nicole Perez-Krueger, por lo adecuado; a Blaine Lourd, por los ceros extra; a *Ms. Hud*, por el compromiso; a Issa Ballo, por la orientación; a Mali, por el hogar; al hermano Christian, por la humanidad; a Penny Allen, por la intensidad; al pastor Dave, por el contexto; a Jordan Peterson, por la lucidez; a Chad Mountain, por el oído; a Dan Buettner, por las aventuras; a Roy Spence, por el objetivo; a Nic Pizzolatto, por la honestidad; a Al Cohol, por las ideas; a Liz Lambert, por el desierto; a Bart Knaggs, por el río Llano; a David Brake, Gillian Blake y Matt Inman, por las correcciones, y a los equipos de WME, Crown/Penguin Random House y Headline por ayudarme a compartir mi historia por escrito.

Sobre el autor

Matthew McConaughey es hijo de los dos veces divorciados y tres veces casados Jim y Kay McConaughey, está casado y es padre de tres hijos. Se autoproclama un hombre afortunado y se considera un contador de historias profesional, escribe poesía y es un músico frustrado (pero, eh, aún hay tiempo). Es un excelente compañero para un viaje por carretera, piensa que no hay ningún problema si te tomas una cerveza de camino al templo y se siente mejor con el sudor de un día a sus espaldas. Un hombre muy consciente, Matthew se siente en casa en el mundo, le gusta comparar antes de contrastar y está constantemente buscando los denominadores comunes de la vida. Cantante melódico, silbador con talento, luchador, etimólogo preceptivo y viajero por el mundo, cree que las cicatrices son los tatuajes originales, y tiene más pelo, de forma natural, con cincuenta años, del que tenía con treinta y cinco. Ha ganado seis competiciones de beber agua por todo el mundo, reza antes de las comidas porque eso hace que los platos sepan mejor, es un gran inventor de apodos, estudia gastronomía y arquitectura, adora las hamburguesas con queso y los pepinillos con eneldo, ha aprendido a decir «lo siento» y disfruta de un buen llanto una vez a la semana en la iglesia. No se detiene a mirar sus propias películas si se cruza con alguna de ellas en la televisión, le gusta conseguir las cosas solo para ver si puede hacerlo, nunca se va a la cama guardando rencor y recientemente ha aprendido que hay más de una forma de tener razón. Preferiría ser marinero que astronauta, se desenvuelve bien en la sala de baile, prefiere una creencia a una conclusión y piensa que, si son hombres buenos que no son tiranos, cada uno a lo suyo.

En 2009, Matthew y su mujer, Camila, fundaron el plan de estudios extraescolar j. k. livin Foundation, que ayuda a chicos en riesgo de exclusión de toda la nación de 52 escuelas secundarias del programa Título 1 (que reciben fondos federales para la escolarización de chicos desfavorecidos) a tomar decisiones más sanas de mente, cuerpo y espíritu. En 2019, además de escribir este libro, a McConaughey se le otorgó el cargo de profesor de práctica docente en la Universidad de Texas en Austin, su *alma mater*, donde da la clase que él mismo creó: «Del Guion a la Pantalla». Además de ser uno de los copropietarios del Austin Fútbol Club de la Liga Mayor de Fútbol, también es ministro de Cultura de la Universidad de Texas y de la ciudad de Austin, otro rol y título creados por él. Sigue siendo embajador de la marca Lincoln Motor Company y director creativo del bourbon Wild Turkey, y fue cocreador de su bourbon favorito, bautizado como Longbranch. Matthew prefiere las puestas de sol a los amaneceres.

<jklivinfoundation.org>

<greenlights.com>

Instagram: @officiallymcconaughey

Twitter: @McConaughey

Facebook.com/MatthewMcConaughey

«

Ft. Davis, Tx. 8 DE MAYO DE 2019
DÍA 4 escribiendo «Greenlights»

dibujAR sangre.

Vine aquí solo para escribir.

Sabía que saldría sangre.

Y así fue.

Mi corazón bombeó más que nunca
por mis venas.

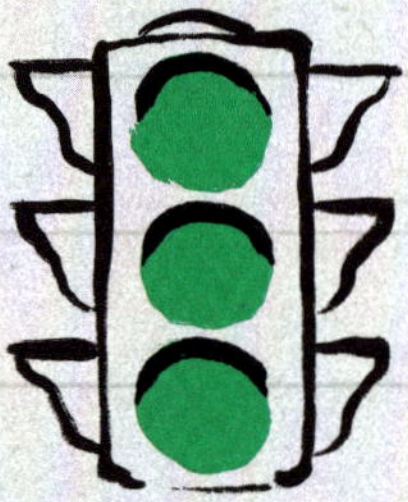